摄影课堂丛书

DCxDV

摄录全攻略

中国摄影出版社

图书在版编目（CIP）数据

DCxDV摄录全攻略／刘健伟编著．—北京：中国摄影
出版社，2007.8
　ISBN　978-7-80236-064-8

　Ⅰ．D…　　Ⅱ．刘…　　Ⅲ．①数字照相机－摄影技术
②数字控制摄像机－拍摄技术　Ⅳ．①TB86②
TN948.41

中国版本图书馆CIP数据核字（2007）第005670号

中华人民共和国国家版权局著作权合同登记图字01-2006-863号

责任编辑：陈　瑾　常爱平
特约编辑：杨小军

书　　名：DC×DV摄录全攻略
作　　者：[香港] 刘健伟
出　　版：中国摄影出版社
　　　　　地址：北京东单红星胡同61号　邮编：100005
　　　　　发行部：010-65136125　65280977
　　　　　网址：www.cpgph.com
　　　　　邮箱：sywsgs@cpgph.com
排　　版：北京九州博雅创意艺术设计室
印　　刷：浙江影天印业有限公司
开　　本：16
印　　张：6.75
版　　次：2007年8月第1版
印　　次：2007年8月第1次印刷
印　　数：1—5000册
ISBN 978-7-80236-064-8
定　　价：35元

# 前　言

感谢您购买了这本《DC×DV摄录全攻略》。

许多朋友购买了一部DC或DV机之后，拍摄得多了，就会觉得机身内置的功能不足以应付自己的需要。其实只要懂得善用各种摄影配件，就可以令手中的DC或DV发挥出最大的价值。可是，很多人都会认为配件太笨重太麻烦，于是宁愿放弃使用。但是在某些场合，缺少某些配件的话，就很难拍摄到理想的相片或影片了。

用DC或DV拍摄的目的，在于创作及记录，而不是像项链、戒指那样，只是为了装饰，所以需要不断尝试拍摄，学习利用适当的工具，增进自己的知识和经验，才可以拍摄得更好。

本书旨在示范不同摄录配件的使用方法，以及向大家介绍不同场景的拍摄技巧，对于各位初次接触数码摄影或数码摄录的用户，应有一定程度的参考价值。

希望大家能够拍摄出令自己、令身边亲友满意的作品。

# DC x DV摄录全攻略

# 第一章 DC／DV 创意摄影技巧

## A 镜头篇

如果使用的DC或DV不能更换镜头，那么如果使用外置附加镜头的话，相机的视野会跳出以前的框框，拍出的作品绝对与众不同。

## B 滤镜篇

别看滤镜只是薄薄的一块镜片，它们带来的可是多种令人惊讶的特别画面效果。大家还是不要以貌取"镜"啊。

## C 脚架篇

使用脚架可以避免抖动，减轻疲劳，还可以让拍摄者本人也有上镜的机会。所以喜欢拍摄的用户，总会使用脚架的。

## D 闪光灯篇

有光才会有影像，我们要掌握和运用可以控制的光源，才能够在光线不足的时候拍出好作品。

## E DV摄录篇

拍摄影片时较常用的配件有收音咪及补光灯。虽然使用方法简单，但适当运用对于影片的可观性有着莫大的帮助。

## F 应用及分享

除拍摄以外，多运用配件亦能在保存及分享时获得更大的乐趣，来享受各种配件所带来的更全面的乐趣体验吧。

# 镜头篇

对于大多数DC和DV来说，镜头都不能更换。如果想使画面拍得更广阔，或是想拍到更远距离的影像，就要安装附加镜头。对于远摄能力不是太强的DC，远摄镜头会是DC用户的好朋友；对于广角拍摄不是太强的DV，广角镜则是DV用户的必备良品。因此根据需求来选购镜头，拍摄的弹性必定更大，用户更能发挥创意，拍出好作品。

## 技巧

## 远景尽现在眼前

远摄的魅力，在于能够拍到很多平时因为太远而看不清楚的东西，把远处的景物拉到眼前，如鸟雀或其他动物的生态。

如果你有兴趣在以上两种题材上有所发挥，那么一只远摄镜头就是你不可或缺的配件之一。尤其是在数码相机的远摄普遍都不太够的情况下，想获得满意的远摄效果就不要吝啬了。

▲VCL-DH2630远摄镜头

◄ 未使用远摄镜头

◄ 使用远摄镜头

### 拍摄要点：
1. 使用高速快门
2. 使用大光圈
3. 使用高感光度（有需要的话）
4. 使用三脚架

远摄最难保证的是相片的清晰度，尤其是DSC-H1这些变焦能力超强的机种，在加装了远摄镜头之后，就算十分轻微的抖动，也有可能使相片出现模糊。所以要把相机设定在最大光圈、高感光度以求较高速的快门。另外用三脚架是最直接降低手震的方法。但快门要快到哪一个程度才够快呢？在此简单介绍一下安全快门的公式：安全快门＝1／焦距。以V3为例，它的最长焦距是136mm，安装了1.7×远摄镜之后的焦距是136×1.7＝231mm，那安全快门大约就是1／231即1／250秒了。不过这条公式只供参考，因为实际安全与否，也要考虑持机者的"定力"、目标有否移动及环境光线强度等因素而定。

## 关键点

## 安装外置镜头

▲部分Cyber-shot系列相机要先安装连接环。

▲再把镜头拧上去。

▲而Handycam系列有些镜头也同样要安装连接环。

▲但只要按要求扣上便可。

部分索尼Cyber-shot系列数码相机，不能直接安装外置镜头，需要使用专用的连接环后，才可以安装镜头。而Handycam系列数码摄录机的外置镜头，全部可供直接安装，不过部分型号镜头可以搭配多款相机，所以会提供连接环，而需安装连接环的类别只要按要求扣上便可，安装时更加快捷。

## 前清后虚大特写

别以为只有想拍的人或物在远处时才使用长焦距，其实就算是近在眼前的时候，也有用得着的地方。

长焦距是拍人像的利器，能够获得大压缩感及浅景深，让人物在相片中与背景分离开，使主体突出，平时看到的主体清晰背景模糊的人像照片，就是使用长焦距拍摄的。

所以时常看到一些人拍摄人像时，故意带只长焦距镜头，并跑到老远使用长焦距拍摄，和模特儿交谈都要张开嗓门喊，为的就是前清后虚这个效果。

焦距越长，这种浅景深的效果便越明显。但是数码相机由于感光元件面积较小，并不利于制造浅景深效果。如DSC-W7这种以轻便实用为主的机型，要达到浅景深效果，便要使用远摄镜头了。

◄ DC的变焦能力往往没DV那么强，所以景深效果也没那么明显。

◄ 安装了远摄镜头之后，景深便可以变浅了。

▲VCL-DH1730远摄镜头

◄ DV本身常备了10倍或以上的光学变焦能力，本身可拍出浅景深效果。

◄ 但安装了远摄镜头之后，浅景深的效果更加明显，效果不言而喻。

▲VCL-2030X远摄镜头

**拍摄要点：**

1. 使用高速快门
2. 使用大光圈
3. 使用高感光度(有需要的话)
4. 使用三脚架

想要使浅景深效果更明显，记得尽量使用长焦距及最大光圈。另外相机离主体越近及主体离背景越远也能使这种效果更加突出。

### 关键点

## 远摄镜头之"黑角"现象

使用远摄镜头时，有一个需要注意的地方，就是安装后如果在广角端拍摄的话，会出现如图所示的"黑角"情况。要变焦至一定程度之后，才可以避免这个问题，所以大家记得向长焦端变焦后才能拍摄。

## 技巧

## 一览无余风景画

很多人买DC或DV，都是为了去旅行时能记录当地风光。见到庄严的大教堂或是有文艺气氛的的美术馆，才惊而发现手中的DC或DV"眼光太狭窄"，要走到老远才可以把整座建筑物拍下来，非常麻烦。

人多的情况，如一大帮朋友出外游玩，或者是好友聚会，要拍下合影照。一大帮人横着排开了老远，没有广角镜头是没法拍摄的。

别老是以为永远只要肯退一步便可以不用广角镜。有时在室内，想拍摄的范围太大，自己又无路可退；有时在已就坐的场合，又不能随便移动。后退根本不是解决问题的办法。

其实只要安装外置广角镜头，就能很容易地把眼前广阔的景物拍进去，以上烦恼立即一扫而空。而且广角镜头拍摄出来的相片有更好的透视感，气势和普通镜头截然不同。

广角镜头几乎任何场合都可以用，非常实用，有心拍摄的用户，一定要购买。

◄ 相机原来的35mm广角焦距，如果未用过广角镜头的话，你可能会满意的。

◄ 加了广角镜头之后，视角更广，气势更好，相片也更加悦目。

▲AVCL－DH0730 广角镜头

◄ DV广角的能力便给比下去了，就算是没变焦也不太广。

◄ 在DV之上，外置广角镜显得很重要，拍片时能够同时拍摄人物和背景，在外地旅行更能突显其价值。

▲VCL－0630X 广角镜头

**拍摄要点：**
1.缩小光圈
2.注意构图

　　在安装了外置广角镜之后，如果使用大光圈的话很容易使画面边缘部分变得模糊，这是外置镜头常见的问题。为减轻以上情况，使用时最好收缩光圈。但收得太小又可能使快门过慢，光圈值为f／4.5或f／5.6已经足够。可能的话还是收到f／8，那样的话整个画面的景色都会清清楚楚，美好风光一览无余。

### 关键点

## 注意Handycam在不同模式下的构图

索尼Handycam系列数码摄录机在拍摄影片及相片时都有16：9及4：3两个模式供选择，分别会用到感光元件的不同部分。16：9模式左右两边的视野会很宽，4：3则上下两端会较多。如果大家切换到不同模式的话，留意画面所包含的范围会

▲16：9模式

▲4：3模式

有所不同，构图上记得要作出相应的改变。尤其是安装了广角镜头之后，画面所包含的东西更多，小心不要让会破坏整体美感的东西进入镜头。

## 原厂镜头质量有保证

虽然市面上有很多其他品牌的外置镜头，而且只要是口径相同的便可使用。但其质量上和原厂的会有一定距离，因为第三方厂商的镜头在结构上及镀膜技术上，都不及原厂的那么好，影像四周色散严重，画面松散且变形严重。而且那些镜头并不是专为索尼的相机或数码摄录机而设计，除了广角效果会比注明的小之外，还可能会出现一些不良情况，例如一些广角镜头用在数码摄录机上时，在变焦至最远时可能会不对焦，四周出现黑角，以及安装时会有"顶镜"的情况出现，为避免浪费金钱买到效果不好的配件，还是选择原厂的比较可靠。

▲ 非原装镜头的质量很多时候都会比原装的差，变形及紫边严重。

## 外置镜头的分级

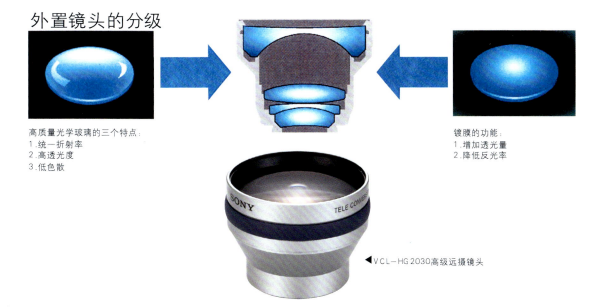

高质量光学玻璃的三个特点：
1. 统一折射率
2. 高透光度
3. 低色散

镀膜的功能：
1. 增加透光量
2. 降低反光率

◀ VCL—HG2030高级远摄镜头

为了使镜头质量提高，索尼的镜头在镜片及镀膜上均下了很大的功夫：首先光学玻璃镜片要达到统一的折射率、高透光度及低色散。而镀膜方面，每块镜片都经过多重镀膜处理，进一步提高透光率，降低反光率，令影像更清晰明亮。索尼共有多款外置镜头供使用者选购，其中品质也有分别。质量较高的HG镜头含有比较多的镜片群组及数量，结构比较精密，影像质量自然较好，适合拍摄相片，而普通级的镜头则有着体积小、轻巧以及比较经济这几个优点，适合拍摄影片。而从各种镜头的型号当中，用户亦可以了解到它们的特点及用途。如VCL—HG0725就是Video Camera Lens High Grade 0.7×25mm，而VCL—HG2025则是Video Camera Lens High Grade 2.0×25mm。（×代表倍数，mm代表镜头直径）

## 在相机中设定镜头类别

安装了外置镜头之后，为保证工作正常，使用者应先"通知"相机什么镜头已被安装，确保相机和外置镜头"密切合作"（图中是DSC—H1的镜头设定画面）。

## 广角人像拍摄

　　别以为广角焦段只能够拍摄风景和团体照，其实用来拍摄人像也能有很好的效果。

　　以广角镜头拍摄，画面四边会有拉长的效果。活用这个效果，可以令人物腿部更加修长美观。而且使用广角镜头时景深亦没长焦距时那么浅，背后景物清楚，范围很大，很容易做到人景合一的效果。

▲ VCL－DEH07VA 广角镜头

　　只要适当地运用，使用广角镜头绝对能拍到出色的人像照。

▲ 使用广角镜头拍摄

▲ 没有使用广角镜头拍摄

▲ 使用广角镜头拍摄

▲ 没有使用广角镜头拍摄

▶ 使用广角镜头拍摄

▲ VCL-DH0758
　广角镜头

▶ 没有使用广角镜头
　拍摄

**拍摄要点：**

1. 别把人物放置在相片边缘
2. 手脚尽量伸至画面边缘
3. 尽量以小光圈获得清晰的画面

　　如果把人物放置在画画边缘，那造成的效果会令人物显得肥胖。所以要尽量把人物放置在画面中心。因为拍摄时距离主体很近，所以景深会较浅。想拍出整张相片都清晰的效果，便要缩小光圈。

**关键点**

## 广角镜头之变形现象

　　凡事总是有好坏两面，广角镜头能够把更广阔的范围纳入画面之中，是喜爱拍摄风景照的人士的利器，但广角镜头同时会带来更严重的桶状变形效果。在拍摄水平线或类似景色时最为明显。而在拍摄人像时，主体越靠近画面边缘，人物便越会被拉扯成非原本的样子，就算是窈窕淑女也会变成肥妹一名，使用时要特别小心。

◀ 未安装广角镜头前

◀ 安装广角镜头之后，变形明显

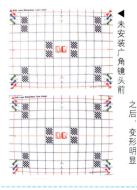

◀ 以广角镜头来拍摄人像，小心别把美女拍得太『丰满』，否则会有很惨的下场。

## 近摄镜

顾名思义，近摄镜是用来拍摄近距离对象的。

近摄镜(Close-up Lens)其实是放大镜，在同一位置下，使用近摄镜能把镜头前的微小对象变得比本来要大，令微距拍摄效果更加强烈。

就算相机本身已经有不错的微距拍摄能力，近摄镜仍然是微距拍摄的利器。例如拍摄昆虫的时候，借助近摄镜可以拉开自己与昆虫的距离，这样就不会吓跑昆虫了。就算是拍摄花卉等静物，也不会因为距离太近而使相机的阴影投到物体上。

使用近摄镜还可以使景深更浅，主体更突出，照片的可观性更强。

◀ 使用近摄滤镜

◀ 未使用近摄滤镜

▲VCL-M3358近摄镜

**拍摄要点：**
1. 使用高速快门
2. 适当地使用大光圈
3. 使用高感光度(有需要的话)
4. 使用三脚架

如果是拍摄昆虫的话，大多时都需要耐心等候，使用三脚架是十分有用的。就算不是这个原因，有时昆虫会喜欢躲在阴暗处，这时你也需要三脚架来避免手震。

**关键点**

## 留意直径大小

大家在为器材选购附加镜头或滤镜的时候，记得要留意自己的器材，是所需要使用的直径大小的镜头和滤镜方可。索尼的Cyber-Shot数码相机，在安装了转接环之后，主要直径是58m或30m两种，而数码摄录机便根据不同机种而有所不同，如DCR-DVD803/E及DCR-PC1000/E使用的是30mm直径，别买错啊。

▲要选购适当直径的滤镜。

# 滤镜篇

滤镜并不像外加镜头那样大，它们都只是薄薄的一块镜片，而且不会像镜头那样会使焦距产生变化。但透过不同的滤镜，可以使相片及画面产生各种不同的效果，摄影的可能性被大大提高，所以用户千万不要轻视它们的作用。

## 天更蓝对比更强

晴空万里的时候，很多人都会趁机拿起相机外出拍照，感受阳光与空气之余，也会拍拍不常见的蓝天与白云。

可惜实际拍出来的照片其实不会像肉眼所见的一样，天空的深蓝程度很多时候打了折扣。当天色拍得不够蓝的话，天上的白云又不明显，真令人意兴阑珊。

大家听说过偏振镜(PL)吗？偏振镜又名偏光镜，能够阻隔大气中的偏振光而使蓝色天空更深，并增加色彩的对比度，绝对是旅游人士等热爱风景摄影的用户不能错过的一个好配件。

▲VF-30CPKS偏振镜

▲未使用偏振镜

▲使用偏振镜

**拍摄要点：**

1. 缩小光圈
2. 注意构图
3. 注意快门

偏振镜并不是全透明的滤镜，安装之后会使光量减少，快门会减慢2至3级。拍摄风景时经常都会用到小光圈，所以用户要留意快门速度会不会减慢得太多。

关键点

## 转动偏振镜

偏振镜的前半部分是可以转动的，使用时要调整镜片的角度，才可以使偏振镜的效果发挥至最大。所以使用偏振镜的时候，不要怕麻烦，多尝试不同的角度，看看哪一个才是最好的。

▲偏振镜的前半部分镜片是可以转动的。

## 技巧

# 消除反光有妙法

偏振镜除了有使蓝色天空更蓝这种本领之外，还可以使反光消失。

日常生活有很多时候景物都会被反光所遮盖，例如玻璃及水面的反光。前者随处可见，比如店铺的橱窗和汽车的窗户，都会使玻璃后的人和物变得模糊不清。

后者则是在拍摄风景照时常见的问题。想拍池塘中的鱼儿，但拍出来只有水面的白色反光，什么也看不到。

同样的，只要有偏振镜，就可以清楚地看到橱窗后的摆设及车内的人，池塘及河水的水底及颜色，都能重见天日。

偏振镜这两大本领都不是事后靠软件可以做到的，所以偏振镜有着很大的价值。

▲未使用偏振镜

▲使用偏振镜

| 拍摄要点： | 还是那一句：多尝试，把偏振镜转动至不同的角度，从而得到最佳的效果。 |
| --- | --- |
| 转动偏振镜的镜片 | |

# 技巧

## 烈日当空防"过曝"

　　拍摄人像想获得浅景深效果，就要尽量使用大光圈。但有时户外阳光太强，使用最大光圈来拍摄的话会出现曝光过度的情况。收缩光圈又牺牲了对于背景的虚化，十分可惜。

　　遇上这种情况，用户可使用ND镜（中灰滤光镜）来减少进入镜头的光线，那么使用最大光圈便没问题了，用户就可以尽情享受浅景深效果了。

　　ND镜又名中灰滤光镜，顾名思义就是使进入相机的光量减少。索尼的8X中灰滤光镜能够减慢3级快门，令相机光圈不用再"屈就"。

　　通常在海滩及雪地经常会遇到以上情况，因为海面及雪地都会有强烈的反光。有心去嬉水及滑雪的人不妨预先选购。

▲VF－30NK中灰滤光镜及HC保护镜套装

▲未使用ND镜

▲使用ND镜

**拍摄要点：**
1. 最低感光度，以DSC－W7及DSC－V3为例，是ISO100
2. 使用最长焦距
3. 使用最大光圈
4. DSC－H1／V3可选择光圈先决模式

　　拍摄人像，要尽量使用最低感光度，务求得到最低噪点的画面，另外迷人的浅景深也是人像拍摄常用的手法，用相机最大的光学变焦，再把光圈调到最大。使用了减光镜，再使用大光圈就没有什么问题，不妨使用光圈先决，让快门去迁就曝光吧！

## 技巧

### 慢快门特别景象

在拍摄瀑布及石涧流水以及大海的时候，正常拍摄的话，相机的高速快门会把流水水花的形态凝固住。

如果使用ND中灰滤光镜进行长时间曝光，那水花的形态便不再清晰，取而代之的就是一条条如丝的水花，非常优雅。

想得到以上效果，最好能把曝光时间延长至数秒。但白天很难做到，这时ND镜又有上场的机会了。

要以以上手法拍摄，记得带三脚架，对数秒的曝光来说，手持相机是不可能拍出清晰相片的。

▲ 未使用ND镜

▲ 使用ND镜

▲VF-R37NK中灰滤光镜及MC保护镜套装

---

**拍摄要点：**
1. 使用最低感光度
2. 把光圈收到最小
3. 使用三脚架

使用最低感光度及最小光圈的目的是尽量把曝光时间延长，那拍摄出来的就会是"细水长流"的效果。当快门变慢，使用三脚架就必不可少，因为快门很有可能会慢至1秒或更慢，手持相机已经不可能拍到清晰的相片了。

---

## 关键点

### 不要在滤光镜前面安装镜头

偏振镜能够有效地美化风景照片，那和广角镜一起岂不成了拍摄风景的超强利器？虽然理论上两者加起来效果的确会很好，但实际上是不建议大家在安装任何滤镜之后再安装镜头的。因为就算滤镜及镜头的质量非常高，如果在原来镜头前方安装超过一个的配件的话，会大大降低其影像质量的。所以大家还是最好根据情况而作出取舍吧。

▲切勿在滤光镜前面安装镜头。

# 特别效果现场拍

## 1．MC保护镜

▲索尼MC保护镜

索尼的PL偏光镜及ND中灰滤光镜都以套装形式发售，分别都会连同一块MC保护镜在一起。MC即Multi Coating，多重镀膜，优良的镀膜拥有良好的透光度及防反光能力，而且会将对影像的影响减到最低，所以应长期安装于相机或摄录机上，起到保护镜头的作用，即使发生意外也不用怕刮花镜头，使其寿命更长。

## 2．十字闪光滤光镜

▲VF-30SC十字闪光滤光镜及柔焦镜套装

十字闪光滤光镜(Cross Screen Filter)的表面有很多纵横交错的线条，可以使灯光由一点变成十字形状，在昏暗的环境下拍摄灯光效果最为明显。在生日聚会上拍摄蛋糕上的蜡烛光芒、节日灯饰或一些主题公园的夜景时，能达到美化相片的效果。通过转动十字闪光滤光镜的角度可以改变十字闪光的方向，使用者可自行调节以达到最佳效果。

**拍摄要点：**
1．使用小光圈
2．使用三脚架

使用十字闪光滤光镜时，十字闪光的效果会根据光的亮度及光圈的大小而变化，很难明确指出怎样的光圈才可拍出最好的效果，用户应多作尝试。整体而言，光圈越小的话，十字效果会越细致，但有可能出现"断裂"的效果。大光圈的话，十字效果则会较为模糊。而夜间拍摄，不用多说，又是三脚架出场的时候了。

▲未使用十字闪光滤光镜

▲使用十字闪光滤光镜

▲不同角度的效果

### 3．柔焦镜

　　还记得充满浪漫感觉的婚纱照吗？一张照片加了柔焦效果便可以获得那种梦幻般的感觉，既可使画面带有朦胧及优美的感觉，又对人物皮肤有一定程度的美化效果。虽然这种效果可以靠后期软件制作得到，但逐张用软件处理会费时费力，只要利用柔焦滤光镜便可以轻松获得这种效果，以后为伴侣及家中小朋友拍相片就不用因为后期处理而烦恼了。

▲VF-58SC十字闪光滤光镜及柔焦镜套装

**拍摄要点：**
拍摄人像时宜使用大光圈或人像模式

▲使用柔焦镜

▲未使用柔焦镜

**关键点**

## 滤光镜不宜拧得太紧

　　虽说MC保护镜可以长期安装，但也要小心不要拧得太紧。尤其是在长期安装时拧得太紧，想更换或需要取下时，可能会发生无法"再安装"的悲剧。当然除了MC保护镜之外，大家在使用外置镜头及其他滤光镜时也要注意这一点，因为拧得太紧而在取下时发生意外，造成器材损失就不值得了。

▲在长期安装时拧得太紧，想更换或需要取下时，可能会无法取下。

# 脚架篇

　　脚架是一件很常见的摄影配件，可以在长时间曝光的时候避免手震，保持画面清晰，又有利于长时间拍摄，减轻疲劳，还可以轻易地设定各种不同的拍摄角度，令作品更有吸引力。而最实用的，当然就是可以让拍摄者本人也有出镜的机会。这样的话，喜欢使用DC或DV的用户，便会购买一个脚架。

## 夜景拍摄防震动

　　以往见到很多人拍摄夜景的时候，都只靠相机内的自动操作，因此相机只在测得环境太暗的情况下，才会开启闪光灯。但其实拍摄夜景时，开启闪光灯是没用的。

　　现在很多数码相机也变得十分聪明，只要你选择了夜景模式，相机都会自动替你减慢快门速度来拍摄夜景。

　　但不管相机怎样聪明，一使用到慢速快门，手持拍摄就不大可能了。快门低于1/60秒时，出现手震的机会便开始增高，何况拍摄夜景用的可能是1秒或更慢？

　　结论就是：拍摄夜景，请带着脚架这个好朋友。

▲VCT-150QL三脚架

▲手持拍摄，因快门太慢及手震而导致相片模糊不清。

▲使用三脚架，一张漂亮的夜景立即出现在眼前。

**拍摄要点：**
1．使用自拍计时器功能
2．使用小光圈加慢快门、或夜景模式

### 关键点

## 使用遥控快门连接线

　　在拍摄夜景的长时间曝光中，一旦相机出现震动，便会使相片模糊。就算使用了三脚架，相片也未必会很清晰，其中一个震动来源就是按下快门的时候，手指用力按下快门然后放开，这个动作很容易使相机产生震动，解决方法很简单，就是使用相机的遥控快门连接线，这样就不用亲手去按动相机的快门了，也就不会产生震动了，例如DSC-V3和DSC-F828就支持遥控快门连接线。

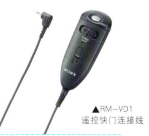

▲RM-VD1
遥控快门连接线

## 技巧

## 流畅追随拍摄

使用脚架最大的优点是什么?没错，就是稳定!

脚架除了在拍摄照片时保持影像清晰之外，在拍摄影片时亦有相当大的帮助。除了避免手震而使画面虚化之外，在水平拍摄时亦有很大的帮助。

拍摄影片经常要移动和改变方向。有时拍摄主体从一边走到另一边的时候，整个过程都要把主体放在同一位置才好看。

而在拍摄相片方面，使用脚架也有助于使用较慢的快门拍出有运动感的车辆。大家常见到的拍摄赛车的作品都是用了追随拍摄的手法。比起只使用高速快门，使用慢速快门可以拍出强烈的动感。

由于这种手法难度较高，需要与主体的移动速度保持一致，使主体在相片中处于相同位置，整个过程中要保持水平的移动，脚架在这方面可以起到很好的辅助作用，尤其是高级的索尼VCT-870RM脚架，云台油压式设计，追随起来更加简便顺畅。

而除了自行车及其他车辆等东西之外，游乐场中的旋转木马，或是比赛中的运动员都是向同一方向运动，大家可以多多使用这种手法去拍摄。

**拍摄要点:**
1. 快门设定在较慢的程度，约1/15秒或1/30秒
2. 使用ND中灰滤光镜

追随拍摄时快门不能设定得过快，但太慢又会增加难度，建议快门设定在左面建议数值，但实际还要视该物体的移动速度而定。如果光圈收缩到最小也不能把快门降到这个要求，那又是中灰滤光镜出场的时候了。拍摄时要把相机对准移动中的物体，并随着其移动方向移动，跟上其移动速度后便可以按下快门。长时间曝光难免会出现手震，所以如果你使用的是有防抖动系统的DSC-H1，那成功率会更高。

## 关键点

## DC与DV专用脚架的区别

▲VCT-870RM
的遥控把手

比起普通静态摄影用的脚架，DV的遥控脚架多了一个控制把手，接上DV机便可以通过脚架上的按钮进行操作，十分方便。如果没有这个把手，那右手便既要兼顾拍摄影片时的变焦或暂停等动作，又要控制及调校脚架来改变拍摄角度，简直是不可能的。所以使用DV的用户想购买脚架，便应该选择配有控制把手的，如索尼的VCT-870RM脚架，它的把手上通常都有开关、拍摄、暂停及变焦几个主要功能，在控制功能的同时又能调校DV的拍摄角度，十分方便。

▲使用正常的快门拍出的汽车相片，不是整个画面的景物都静止，就是汽车因速度太快而变得模糊，可观性不大。

▲慢速快门追随拍摄，如果没有使用脚架，难度会非常高。

▲使用脚架后，成功率大增，拍出来的汽车动感十足。

▲拍摄DV影片时不用脚架，很容易出现水平线不平，还会忙于追随主体而难以顾及构图。

▲使用脚架后，画面水平及构图工整多了。

◀DV专用脚架VCT-870RM配备了灵活的油压云台，追随起来更加顺畅。

## 灵活可靠的特别之处

　　为强调脚架的灵活性，索尼的部分脚架如VCT-1500L的云台能够作180度扭动，从而获得更大的拍摄角度。而所有脚架都配备快速操作的高度锁，脚架的高度能快速方便地稳定住，随时都可以快速地设置脚架进行拍摄。

▲VCT-1500L 三脚架

◀无论是DC还是DV的脚架，脚上都设有这种易用可靠的高度锁。

## 技巧

### 低角度花卉特写

　　花卉拍摄中有一个难点，就是通常花朵都是长在低处的花丛中，并不是在你跟前任你拍摄的。

　　如果你带了三脚架来拍摄的话，那就算是低处的花朵也不会难得倒你。

　　索尼VCT-1500L脚架张开，比一般脚架角度更大，脚架可以放得很低，最低高度只有18cm。

▲索尼VCT-1500L张开三脚，拍摄角度更低。　　　▲低角度花卉拍摄示范

| 拍摄要点：<br>使用自拍功能 | 　　微距拍摄本来就容易因为按下快门而导致手震，强行按下的话很容易产生震动。如果借助自拍计时器这个功能，让相机自动开启快门，那手震的问题便迎刃而解了。而如果是微距拍摄，可以同时使用VCL-M3358近摄镜及HVL-RLA环形灯，拍摄一定会事半功倍。 |
| --- | --- |

## 关键点

### 快装板

　　配备有快装板的脚架，使用起来会比没有快装的来得方便。用户平时可以把快装板安装在DC或DV上，需要使用时便可以立即安装在脚架上锁定，而不用脚架时也可以快速把相机拿出来，十分灵活。而快装板的体积也有不同，越大的快装板所能承受的重量越高。

▲三脚架上的快装板

## 3个脚架小技巧

1 在山坡上想安全地使用三脚架，需要牢记摆放稳妥。规则是一只脚指向下坡，两只脚指向上坡。如果两只脚指向下坡的话很容易重心前倾，便有可能使脚架向前倒下，十分危险。为了不让心爱的机器发生意外，记得要在坡地上打起十二分精神来。

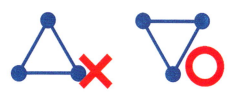

2 另外，虽然三脚架的中轴可以直接提高相机的拍摄高度，但事实上却会使稳定程度有所降低。如果可以的话，还是最好不要提高中轴高度。

▲索尼的脚架都设有中轴。

3 如果觉得使用的三脚架太轻不够稳定的话，可以试试把随身的袋子或背包挂在三脚架上，增加重量之后稳固程度便会增加。如果没有背包或背包实在太重的话，可以试试以双脚夹住其中一只脚，这样也可以提高稳定程度。

## 选择脚架勿忘形

三脚架能够稳定相机，使拍摄相片或影片期间避免摇晃，这样相片便不会模糊，影片又不会摇来摇去。选购三脚架的时候，应该根据自己的需要作出决定。如果使用的只是以轻便为主的DSC—W7，而且只用于日常生活的拍摄，那轻巧的VCT—TK1小型折叠三脚架便已经够用。普通的摄影用三脚架VCT—1500L，具有轻便和易于携带这两大优点，其三向云台又有利于追随拍摄，脚部还能张开作微距拍摄。相应的DV要用重型脚架，如VCT—870RM，虽然脚部及中轴不像VCT—1500L那么灵活，但较大的重量有利于大型机种，令机身更加稳定，并且还配备更灵活的油压云台，适合进阶用户使用。每种三脚架适合不同人士使用，用户还是根据自己的需要来选购。

如果要用到像VCT—R640这种大型的三脚架，应该是用来拍摄夜景或作长时间曝光拍摄。由于此三脚架在便携性方面不可避免地存在不足，所以请根据自己的需要来选择吧。

▲VCT—TK1

▲VCT—1500L

▲VCT—870RM

# 闪光灯篇

摄影的重点就是光，有光才会有影像。但有些光源是不在我们的控制范围之内的，太阳就是一个例子，你不可能要求太阳永远在你拍摄时露出头来。除了有时阴晴不定之外，还会有下雨这种令人无可奈何的情况。不过也有一些光源是在我们控制范围之内的，例如每部相机都有的闪光灯，或者各种不同的外置闪光灯。懂得在不同时候运用不同的闪光灯，并掌握适当的技巧，在很多光源不足的情况下也能拍出好的相片。

## 外置闪光灯补光法

因为成本、体积和电量等多方面因素，相机内置闪光灯的输出力度不是太强。

在某些场合如果发现内置闪光灯不足以应付，而又不想提升感光度，光圈已经开到最大的时候，就要安装外置闪光灯。

▲DSC－W7加HVL－FSL1外置式闪光灯

像DSC－V3这种有热靴的机种要安装当然没有问题，但如果是DSC－W7这种呢？

只要先安装一个闪光灯架，然后把外置闪光灯装上便可。

外置闪光灯光量输出比内置闪光灯大，体积较小，还有2档输出供选择，十分好用。

就算不是因为光量不够，也有用到外置闪光灯的时候，例如在安装了附加镜头时。

安装了外置镜头，内置闪光灯的光线通常都会被镜头遮盖一部分，形成一大片黑色地带。

外置闪光灯因为位置及高度较高，所以光线不会被遮盖。

这个问题除了在DC上会遇见之外，在DV上也是会发生的。

▲使用内置闪光灯，由于镜头的关系，一部分的闪光灯光线会被遮盖。

▲使用外置闪光灯便可解决问题。

| 拍摄要点： | 　外置闪光灯的运作原理是靠闪光灯前方的一个感应器，感应相机内置闪 |
|---|---|
| 开启相机内置闪光灯 | 光灯而作出同步闪光，所以要使用外置闪光灯时便要开启机内的闪光灯。留意除了自己所用相机的闪光灯，其他突发性的光源如别人的闪光灯及照明灯光也会使外置闪光灯作出同步，为避免浪费电力，以及避免自己要使用时外置闪光灯还在充电状态，因此不用时最好关掉闪光灯。 |

## 技巧

# 柔和光线打反光

使用HVL—F32X闪光灯时，直接照射在主体上的光强度是最大的，而且拥有TTL功能，曝光会是最正确的。但即使如此，很多使用外置闪光灯的情况都会采用反射的方式(俗称打bounce)去照明主体。

主要的原因是因为直接照射的情况下，光线会较为生硬，产生不自然的感觉。

HVL—F32X闪光灯的灯头最多可以向上作90度的调校，使用时把灯头向上调，光线便会照射在天花板上，再反射至主体，得到的光线便很柔和，效果会自然很多。

除了天花板之外，用户也可以在灯头上用橡皮筋绑上白纸，同样也有打反光的效果。

而HVL—F32X内置一块散光板，使用后可把闪光灯的覆盖范围提高。在把光扩散的同时，亦有一定程度的柔化光线效果。

▲使用HVL—F32X闪光灯直接照射

◄ 直接照射时，光线生硬，并且会有明显的阴影。

▲使用HVL—F32X闪光灯向天花板打反光

◄ 打反光时，光线柔和自然，而且阴影也较淡。

**拍摄要点:**
使用全手动模式(M)或光圈先决模式(A)来拍摄

由于灯头角度上调，那天花板的高度将会直接影响到反射出来的光线的力度及效果。这时候如果出来的光度不够理想，例如太暗的话，用户便可以把光圈开大，反之如果太亮的话便可以收缩光圈。所以使用外置闪光灯的时候，建议用户使用全手动模式(M)或光圈先决模式(A)来拍摄。

## 闪光灯强度自由调

就算HVL—F32X拥有良好的自动TTL功能，但手动模式仍有一定的价值。

比如打反光的时候，很多情况如天花板的高度及反光程度都是无法预计的，实际的效果可能并不够完美。

这个时候手动调校闪光灯强度便派上用场，尤其是在不能调校光圈的场合，如使用最大光圈来保持浅景深的时候。

总之自动闪光灯的效果不如意的时候，就使用手动调校。

▲可以在HVL—F32X闪光灯背面调校闪光灯强度。

由1/16、1/8、1/4及1/2强度所拍摄的相片

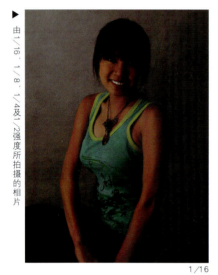

1/16

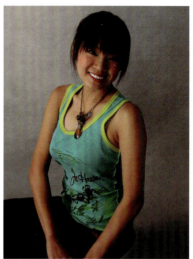

1/8

1/4

1/2

**拍摄要点：**
配合光圈值以调得满意效果

HVL—F32X的力度调校是以1/32、1/16、1/8等级来实现的，如果刚好这一级你觉得光度不太充足，而高一级又太亮的话，可试试同时调校光圈来配合。有时为求省电，故意使用大光圈及调低闪光灯强度的做法也未尝不可。

## 影子跟着闪光灯走

闪光灯直接打在主体之上的话便容易形成明显的阴影，而随着闪光灯的位置及拍摄横幅或竖幅与否，阴影的方向及程度亦会有所不同。如果闪光灯被安装在机顶，那阴影当然会在主体正后方。如果使用闪光灯架，闪光灯被安装在相机的左方，或是安装在机顶的时候直接拍摄，那阴影就会移至主体的右后方。由于影子的出现对相片来说不很美观，所以使用者应多多使用反射的技巧去减弱阴影的出现，或使用一些道具如牛油纸来柔化闪光，得到的效果会更加自然、美观。

◀ 横幅拍摄，闪光灯直打

◀ 横幅拍摄，闪光灯打反光

◀ 竖幅拍摄，闪光灯直打

◀ 竖幅拍摄，闪光灯打反光

### 关键点

## HVL—F32X的TTL功能、AF Illuminator对焦辅助灯功能

TTL即Through—The—Lens，是最准确的闪光灯测光功能。相机会自动感应透过镜头的入光量，并控制闪光灯的输出，确保在有效范围内正确的曝光。由于相机感应的是透过镜头到达感光组件的最终光强度，所以就算相机安装了滤镜或镜头等会影响到入光量的配件也不用再考虑额外调节，是最方便的闪光灯测光系统。

而AF Illuminator是几盏位于闪光灯下方的红灯，在黑暗的环境下会自动发光帮助相机成功对焦，从而拍出清晰的影像。有些相机本来已经内置了辅助对焦灯，但安装了外置镜头的遮光罩，会影响原辅助对焦灯作用的正常发挥。

▲没有辅助对焦灯，相机很容易对焦失败而导致整张相片模糊不清。

▲有辅助对焦灯的帮助，在黑暗环境中要对焦成功也不是难事。

## 技巧

## 微距对焦拍花朵

　　拍摄微距作品时，很多时候除了思考如何捕捉主体之外，采光也是一个很令人烦恼的问题。

　　有时因为相机本身太靠近主体会造成阴影，内置闪光灯也会因镜头的阻挡而无能为力；有时则由于主体是喜爱躲在阴暗处的小虫，每一个麻烦都可能令人发疯，解决方法就是一只环型闪光灯。

　　环形灯的安装和一般外置闪光灯有些不同，闪灯的发光部分是环形，安装在镜头周围，而电源及控制的部分则是安装在热靴上。

　　环形灯的使用方法和一般闪光灯也有不同，微距闪光灯是持续发光的，并不像普通闪光灯般在拍摄瞬间才发光，所以亮度相对较弱,只有拍摄距离很近的对象才有用。

　　索尼HVL－RLA环形灯的操控十分简单，除了开关之外，还有大小两种光度可供选择，另外还可以选择只有左面或右面部分发光或全圈发光，使光线效果更易控制。

▶未使用环形灯的情况，主体不够亮

◀使用内置闪光灯，光线太生硬并产生了明显的阴影

▶使用后，光线把主体的色彩表现了出来，而且没有难看的阴影。

▲HVL－RLA环形灯

**拍摄要点：**
1. 开启微距模式
2. 使用大光圈拍摄

　　由于环形灯拍摄的对象是很近的东西，所以十分注重柔光效果，其强度相对较弱，所以应尽量靠近对象拍摄，开启微距模式进行拍摄，如果光线不足的话，可以开大光圈。因为DC的景深很大，所以就算开启大光圈拍摄，也不会出现严重过浅的景深令主体不清晰的问题。

# DV摄录篇

　　拍摄影片是一件易学难精的事情，除了拍摄手法之外，也要善用各种配件帮助拍出好的作品。除了前面说过的镜头及滤镜之外，其他例如收音咪及补光灯都是能帮助使用者拍摄的好帮手，虽然使用方法简单，但适当运用对于影片的可观性会有很大帮助。

## 技巧

## 5.1 杜比（Dolby）AC3 5.1声道影片制作法

　　现时很多人家中都已经有一套5.1声道的音响设备，有没有想过其实自己拍摄的影片都可以有5.1声道？方法很简单，关键就是配合那只4声道收音咪ECM—HQP1，或使用内置4声道收音咪的DVD数码摄录机，例如DCR-DVD803／E。以后用DV拍摄了烟火表演等的节目后，在家也能重现烟花绽放的震撼效果了。

## DVD Handycam

◀DCR-DVD803/E本身已经内置了4声道收音咪，而配上ECM HQP1收音咪效果会更佳，由于其本身的记录媒体已经是DVD，支持5.1声道的影片，所以可以直接以5.1声道记录。

◀利用DVD影碟机播放DVD光盘，在家庭影院中享受5.1声道效果。

　　除了DCR-DVD803／E内置4声道立体声收音咪之外，以下索尼DVD Handycam也可以配合4声道立体声收音咪ECH-HQP1，直接拍摄5.1声道DVD：

▲DCR-DVD803／E

▲DCR-DVD703／E

▲DCR-DVD653／E

**关键点**

## ECM—HQP1的3种收音模式

ECM—HQP1除了是一只4声道收音咪，同时也有3种不同的收音模式，适合不同场合使用。

首先就是4声道收音模式，记录前方的左右及后方的左右总共四个声道，提供真实的4声道环绕效果。

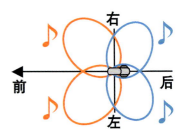

第二个名为"Wide Stereo Mode（宽域立体声模式）"，同样会有4个声道的资料，但最后会分别把左方的前后及右方的前后混合为两个声道。虽然只是双声道输出，但也有环绕效果。

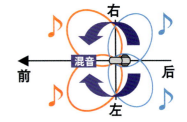

▲EOM-HQP1 4声道收音咪

最后则是普通的双声道收音模式，但靠着ECM—HQP1的突出性能，其效果也比使用内置收音咪来得出色。首先就是4声道收音模式，记录前方的左右及后方的左右总共四个声道，提供真实的4声道环绕效果。

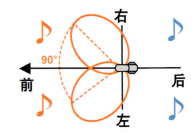

**关键点**

## 检查五个收音方向的信号水平

于DCR—DVD803／E的菜单中选取"SURMONITOR"功能，屏幕会显示五个收音方向的信号水平，如显示右前方的声音较响。

**关键点**

## Click to DVD软件教学

安装了ECM—HQP1后所拍摄的DV影片，只要经索尼VAIO手提电脑的Click to DVD软件烧录成DVD，便可获得5.1声道的高级享受。

启动Click to DVD软件便会自动检测影像来源。下方可以让用户设计DVD的菜单，并备有多种预设样版供用户选择。如果有什么还未就绪的话，软件左方会出现提示。

## 远距离人声吸音法

相对DC的3倍或4倍变焦，DV的10倍变焦是很普通的，因此DV拍摄远距离物体更胜一筹。

很多人也喜欢利用DV进行远距离拍摄，想获得长焦距浅景深效果，而且能捕捉主体自然生动的一面。不过拍影片不只是要有画，同时也要有声。远距离拍摄，主体因为远距离的缘故声音变得模糊，而且收音效果亦会受中间的杂声干扰，从而令质量下降。

其实收音咪也可以变焦，只不过这不是内置咪的功能，而是ECH—HGZ1变焦收音咪。在使用长焦距拍摄的同时，收音的范围能与摄录机的变焦同步，令话音更加清晰。

▲使用了ECM—HGZ1变焦收音咪，主角在离DV机很远的位置也可以清晰收音。

远距离也能清晰收音

## 环境太暗要补光

拍摄照片时遇着不够亮的情况，我们可以使用闪光灯。但如果是拍影片呢？闪光灯的光是瞬间的，并不能为影片进行任何补光。

如果想为影片补光，那你需要的是像灯泡般持续发光的配件。

HVL－HFL1智能补光闪光灯就有上述的功能，既可以为影片补光，又可在DV拍摄相片时当作外置闪光灯，就算加了外置镜头拍摄也不怕。

注意由于补光灯是连续发光，所以光强度比不上闪光灯。而且闪光灯及补光灯都是由DV本身供电，所以使用时要多注意电力这个问题哦。

▲HVL—HFL1智能补光／闪光灯

▲在室内或灯光不足的情况下不够亮的情况。

▲使用了补光灯后便可以清楚地见到人物的样子了。

## 室外夜摄

除了HVL－HFL1补光闪光灯之外，HVL－HIRL红外线灯也是在漆黑环境下拍摄的利器。

比起补光灯，HVL－HRL红外线灯不用真的把环境照亮，而是加强索尼Handycam内置的NightShot或NightShot Plus红外线夜摄效果，将有效距离大大增加，如使用NightShot Plus，可增加有效距离至7米，如使用Super NightShot，可增加有效距离至20米，在完全没有光的环境下也可成功拍摄，而且有效距离比补光灯更远。而且此灯也有补光灯功能，一物两用。

此灯最适合在一般照明不能采用的场合，如拍摄自然环境中的野生动物及熟睡中的婴儿。使用红外线灯的好处就是可以避免骚扰到被拍者，因为实际的灯光会惊吓到主体，婴儿会被吓醒，动物会跑光。

▲使用NightShot Plus加HVL—HIRL智能红外线摄录灯拍摄的画面。

▲HVL－HIRL 补光灯／智能红外线摄录

▲使用Super NightShot加HVL—HIRL智能红外线摄录灯拍摄的画面。

# 应用及分享

除了在拍摄时可以多利用配件之外，在其他方面多用配件同样可以使用户感受到更多的乐趣。例如拍摄好一段影片，除了把它保存在影带里之外，有没有想过有其他方法来与别人分享？就算没有拍摄用的配件，以下介绍的都可以使你享受到无时无刻的拍摄乐趣。

## 小贴士

### 检查剩余电量

使用数码器材令人担忧的一个问题就是电力问题。时常都会担心电力会突然用完而无法使用。DC的电池普遍较为耐用，而且有些电池补充十分方便。但DV在这方面就比较麻烦了。

所以索尼的DV有一个很体贴的功能，用户可以在各款DV的机身上找到一个名为"Battery Info（电池状态）"的按钮，只要按下就可以知道电池的电量，而且不用开机就可看到，随时拿起来检查电量也不成问题。

适时查看电池，避免到最重要关头出现没电的情况。当然，最好的就是多买一个电池作备用。

▲在索尼Cyber-shot及Handycam的LCD显示屏的左上角，都会有剩余电量可使用时间的显示。

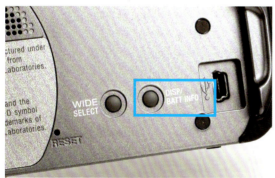

▲机身上的DISP／BATT INFO按钮

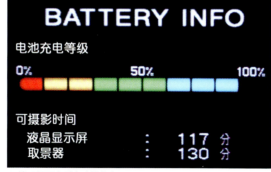

▲按下便可查看电池的状态。

## 小贴士

### 索尼各种记忆卡分类法

市面上有很多不同种类的Memory Stick记忆卡，平时很少接触的用户可能会摸不着北。简单的说，Memory Stick PRO这种制式，是指高容量及并行高速传输，速度最高可达80Mbps（实际传送速度会因产品及具体使用情况而定）。其中又分为基本及高速（High Speed）两种，而"高速"指的当然是有更高速度的款式。Duo是指体积更小更纤薄的Memory Stick记忆卡，体积只是标准Hemory Stick记忆卡的三分之一，如果购买的是Duo型号，只要加上转接器便变成标准的Memory Stick。一卡在手，使用索尼的所有机种不成问题。

▲标准的Memory Stick记忆卡，相信是最广为人知的款式。

▲容量是256MB或以上的Memory Stick记忆卡，全都会叫Memory Stick PRO。

Memory Stick Duo
因卡片机越来越薄，就有了这种如此纤薄的Memory Stick Duo
记忆卡，才会有像DSC-T7这种新一代纤薄轻便机的诞生。

Memory Stick PRO Duo
而纤薄的Memory Stick PRO Duov记忆卡现在最高容量为2GB。

Memory Stick PRO (High Speed)
在机身越来越薄的同时，为了应付高像素的趋势，衍生了这
款高速的Memory Stick PRO(高速)存储卡。现在最高容量为
4GB，以便存储大容量的资料。

Memory Stick PRO Duo(High Speed)
最后这款拥有高容量、高速度及小体积的Memory Stick PRO
Duo(高速)存储卡，可以说是集成了最新技术，现在最高容量为2GB。

## 实现无限量拍摄

　　HDPS-M1是一个很方便的移动相片存储装备，尤其是在大拍摄量
的情况下，手中拥有高容量的记忆卡也可能不够用，HDPS-M1就能令
你毫无后顾之忧地按下快门。

　　HDPS-M1的使用方法十分简单，开启后只要把记忆卡插入，按下
copy键，记忆卡中的资料便会自动被复制到硬盘内。

　　这个拥有40GB容量的存储硬盘体积十分轻巧，在重要的日子千万
不要忘记它。否则因为记忆卡空间不够而错失记录珍贵时刻的机会会
非常可惜。

▲索尼 HDPS-M1移动存储硬盘

　　HDPS-M1拥有特别的防震设计，能够有效保护硬盘，以免宝贵资料的损失。特强的电池能够支持
连续高达60分钟不间断复制资料，连接到电脑时还会自动切换电力来源以节省电力，确保在实际使用
时有充足的电力。

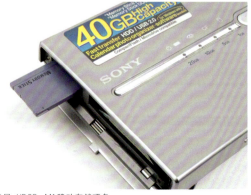

▲索尼 HDPS-M1移动存储硬盘

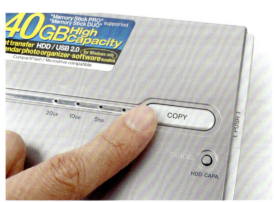

▲插入记忆卡之后一按Copy便可，简单直接。

# 无电脑打印最方便

虽然很多人都有数码相机，因为不使用胶片，便会拍摄很多照片，但只在屏幕上观看未免也太没意思了。

很多人认为还是拿在手中的相片更有味道，而且冲洗出来的相片还可以放进钱包或相册这种地方朝夕相对，所以很多人都会拿到冲印店冲洗。但就算冲印店离你家很近，也不如自己拥有一台相片打印机那么方便，至少不用等待一个小时再回到冲印店取照片那么浪费时间了。

DPP—FP50数码照片打印机无需经过电脑也可以打印照片，可以直接从记忆卡（Memory Stick PRO、Memory Stick Duo、SD及CF记忆卡）中选择，也可经PictBridge连接相机直接打印，十分方便。

如果想一帮朋友一起挑选，只要利用相机上的AV输出口连接电视，便可以在电视屏幕上浏览相片。

DPP—FP50采用热升华打印技术，打印出来的相片不像喷墨式打印机那样有明显的墨点，即使遇水也不会化开，质量与冲印的照片无异。

DPP—FP50数码相片打印机体积较小，操作简单，在节省冲洗的时间之余，又能带给用户自助印相的乐趣，是数字化生活必不可少的装备之一。

▲索尼 DPP—FP50相片打印机。

▲除了插上记忆卡之外，还可以直接接上相机打印。

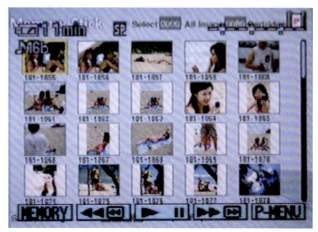

▲接上电视之后更可浏览相片再作选择。

## 小贴士

## 潜水配件使用须知

　　对电子仪器来说，水滴甚至只是湿气，都是应当尽力避免接触的东西，所以想把心爱的器材带到水边或水中拍摄，必定需要特别的装备。索尼SPK—HCA潜水罩适合任何HC系列及大部分DVD系列的Handycam使用，而DC方面则可根据型号来选购。

▲SPK—HCA潜水罩

▲潜水罩有坚硬的外壳，但也只是用来抵御撞击及水压。真正有着防水功能的，是那条包围在潜水罩的开合部位的橡胶条，名为 O—ring。真正下水之前，牢记先用棉花棒清理O—ring所在的沟槽，确保没有其他杂物，也要检查O—ring本身有没有裂痕，然后再用手指替O—ring涂上油脂，这样潜水罩的防水功能才算是真正有效。

▲另外，相信很多用户也会带潜水罩到国外使用，谁叫国外有这么多漂亮的海底风光呢！潜水罩套装中有一件名为spacer的对象，作用就是夹在潜水罩中间令其不可能合上。因为潜水罩本身为了防水，密封性会很强。如果乘坐飞机，因为气压的缘故，下机后有可能会出现不能开启的情况。所以大家把它放在行李中之前记得使用spacer使其不能合上。

## 小贴士

## 流动军火库：摄影包

　　拍摄最常用的配件，有广角镜、远摄镜、三脚架、滤镜和闪光灯等，还要加上各种打理器材的工具，别忘记还有后备电池。诸如此类的配件加在一起，携带起来就令人头痛了。

　　使用摄影包的最大原因不是因为空间，而是其对于器材的安全保护作用。摄影包包身较硬，可以防止外来的碰撞伤害到内部的器材。因为包内的隔层较多，每件器材都可以井井有条地摆放，并可以避免行动中因摇晃而互相碰撞，不拍器材损伤及刮花。

　　根据器材的多少及需要，用户有很多不同大小的摄影包可以选择。LCS—VA6摄影背包能够拆下下半部分成为腰袋，更加轻巧方便，使用的灵活度更大。

　　除了摄影包，很多相机也有专用的相机套，如DSC—V3就有LCJ—VHA专用相机套。这种专为某相机而设的相机套，用料高级，坚固耐用。只要打开钮扣便可取出相机，机套底部仍连接着相机，重新按下钮扣便可装上相机套，十分方便。

▲LCS—VA6摄影背包

▲LCS—CSE专用摄影包

▲LCJ—VHA专用相机套

## 额外充电套装

要多购买一颗电池作后备，最好一并购入充电器。

对于DV机，普通电池对一整日的拍摄来说是有点吃力的，很多人索性把DV机连接到电源变压器，利用市电作电源来拍摄。如果拍摄途中大伙儿移师到室外，那你如何连着电线一起移动？

理论上，只要购买了该种充电器，那随机附送的电源变压器是可以丢掉的。当然，只是理论上可以丢掉，大家请留作备用吧！如果不慎遗失了附带的电源变压器，可以直接买该种充电器来代替。

如果你不喜欢带电源变压器出门，或是讨厌被电线干扰，那不如选择容量更高的电池，并且配上一个方便的独立快速充电器，如适合P系列电池使用的AC－VQP10。该种充电器还有液晶显示屏，能显示充电进度，显示目前电池能拍摄的时间，用起来更为方便。

除了随机附送的电池，你还有其他电量更高的型号可供选择。以DCR－DVD803／E使用的P系列电池为例，NP－FP50的电量最少，而NP－FP71及NP－FP90要高一些。多购几颗高容量的电池，就不用怕电池出现问题了。

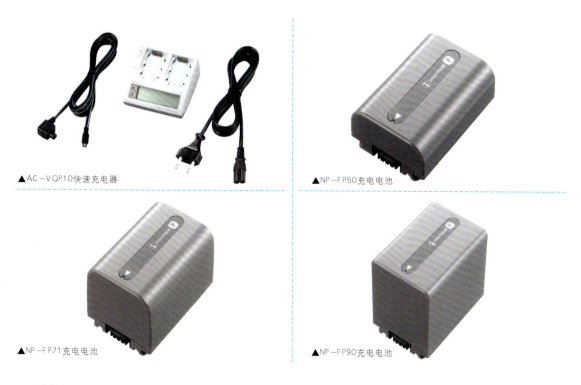

▲AC－VQP10快速充电器

▲NP－FP50充电电池

▲NP－FP71充电电池

▲NP－FP90充电电池

## 电池也会怕冷

听到身边很多人都说要到国外滑雪，我突然意识到要注意的事项。电池在一般温度下使用能够发挥最大的效能，如果到了雪地等寒冷的地区，尤其是当气温低于10℃时，电池的效能会大大下降，使用时间会剧减。DV及DC的电池具有此特性，所以在雪地地区电池闲置的时候，尽量把它收在贴近身体的口袋里，通过体温为其保温，使效能下降的程度小一些。而充电时气温则最好在10至30度范围内，效果会较好。在此特别介绍索尼 Handycam的电池NP－FP71，它用于0℃的环境，仍能维持95%的摄录时间。

## 小贴士

## 快速自制Music Video（MV）

拍摄出来的相片不和别人分享的话，拍得再好也没有意思。

所谓独乐乐不如众乐乐，不如把相片配上音乐制作成MV和别人分享。既易于浏览又不会沉闷，还独树一帜。

别以为只有懂得操作很多专业软件才可以制作MV，其实通过索尼的Picture Package软件，经过几个简单步骤就可以做到，完全没有什么难度。

▲首先开启Picture Package软件

▲选择制作Slide Show功能

▲在这里选择要插入的相片

▲选择好之后便可以挑选想要的风格，自行插入音乐或歌曲。可以选择影片是以文件储存在硬盘还是刻录成光盘。如要刻盘的话再放入可刻录的光盘便可。

# 简易影片剪接(Vegas Movie Studio)

　　市面入门级的剪接和光盘制作软件并不多，而由索尼推出的Vegas Movie Studio+DVD可算是当中的一个后起之秀，只卖几百元，而且价廉物美，功能比同级的剪辑软件有过之而无不及。

　　索尼 Vegas Movie Studio+DVD由Movie Studio 4.0和DVD Architect Studio 2.0两个软件所组成。Movie Studio 4.0是一个入门级剪辑软件，支持最多3条视讯轨加上3条音讯轨，最强之处在于即时预览功能，你为影片加上的任何效果，都可以在电脑显示器上即时看到，而且剪接功能弹性很大，全部特效和影片排序方式都可以让你自行设定，不像同级软件那样弹性极低。

　　而DVD Architect Studio 2.0是一个易用的DVD光盘制作工具，你可以把不同种类的影片制作成DVD光盘，也可以自行编辑充满个人风格的DVD菜单。

▲利用i.LINK连接线连接DV机及电脑，在Movie Studio 4.0的撷取模式，使用按钮来控制DV的播放，按红色的"Capture Video"按钮就可以把DV影片撷取至电脑硬盘内。如果是由DVD数码摄录机所拍摄的影片，是不用"撷取"的，只要把DVD光盘内的"VIDEO_TS"文件夹复制至硬盘就可以了。

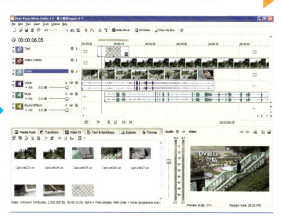

▲索尼 Vegas Movie Studio 4.0的操作窗口，跟大部分剪接软件的窗口差不多，都是把画面分成几个部分，主要分为功能集合区、时间轴和预览窗口等。在剪接时，由于你要同一时间处理多个项目，所以会有很多按钮和显示。

▲把影片剪辑完成后，还要把影片输出成方便大家观赏的格式才算真正完成。要保留最好的画质，就要把影片经数码摄像机，回录至DV录像带中；而想把影片在互联网上跟别人分享，可以输出成Windows Media(WMV)影片。想保持画面高质素而又方便分享的话，可制作成DVD影碟。

▲如果想保留高画质，而又方便在电视上与亲友分享的话，最好是把录像影片制作成DVD光盘，索尼 Vegas Movie Studio+DVD内有索尼 DVD Architect Studio 2.0软件，可以制作和刻录有菜单功能的DVD光盘。

# 场景实战示范篇

## 第二章

### 甜品制作

不论是"吾家有女初下厨"也好，还是记录甜品的制作过程也好，拿起你的器材拍摄身边的煮食男女吧！

### 龙舟竞渡

端午佳节，记得去拍摄由力量、汗水及水花所交织成的龙舟竞赛，别和配件们躲在家中看电视哦！

### 公园女性人像

人像摄影所用到的配件可以说是最多的，大伙儿都有各自的戏份。且看这次自然环境配上可人的模特儿会有什么火花吧！

### 动植物生态

各配件们，这次的任务是海陆空三路的动植物生态拍摄，有需要大家上天下海的时候，请大家随时待命！

### 醉人夜景

在香港这个大都会，哪一个角落都是拍摄夜景的好地方。何不利用手中的器材拍下这些令人陶醉的景色？

### 夏日海滩

在大家迫不及待要投入到阳光海滩及水的怀抱里一展身手的同时，别忘了，那里同样是各个配件一展身手的好地方。

### 特别节日

在特别节日里能拍摄到一般日子拍不到的题材。你们的摄影包及里面的配件都准备好了吗？

# 甜品制作

　　每当"吾家有女初下厨"，看到女儿这么能干的时候，为人父母的是否充满喜悦，突然有冲动去拍她们下厨的模样呢？现在时兴自己制作甜品，为作记录也好，拍拍充满欢欣的生活片段也好，大家不妨拿起手中的DC或DV行动吧。将来她们学艺有成，不再手忙脚乱的时候再回放她们第一次的记录，你就会知道你所拍摄的片段是多么珍贵了。

f/2.8，1/125秒，ISO 100，索尼 Cyber-shot DSC-W7，VCL-DH0730广角镜

索尼 DCR-PC1000/E加VCL-HA06广角镜示范作品

## 温暖厨房　外闪补光

f/2.8，1/125秒，ISO 100，索尼 Cyber-shot DSC-V3，
HVL-F32X闪光灯

f/3.2，1/125秒，ISO 100，索尼 Cyber-shot DSC-V3，HVL-F32X闪光灯

厨房大多都不太适合拍摄，其中一个原因就是光线不足。尽管大部分人都不喜欢自己的厨房像无牌饭馆的厨房般阴暗，但用来拍摄光线仍嫌不足。因此闪光灯的使用就变得非常重要。内置闪光灯的强度未必足够，如果使用没热靴的机型如DSC-W7的话，可以加配同步闪光灯。如果是像DSC-V3这样有热靴的相机那当然就用HVL-F32X闪光灯了。除了输出光量较大之外，还可以扭动灯头调校角度。把灯头向上，利用天花板把闪光灯的光反射到整个厨房，避免直接照射的生硬，闪光效果会更自然。

▲以DSC-V3加HVL-F32X闪光灯向天花板打反光

f/3.2，1/15秒，ISO 100，索尼 Cyber-shot DSC-H1
▲也可以试试使用慢速快门拍出动感。

▲索尼 Cyber-shot DSC-H1拥有防抖动系统，在广角端开启这个功能的话，就算是1/15秒的慢速快门也可拍出清晰的影像，这一功能十分有用。

f/2.8，1/15秒，ISO 100，索尼 Cyber-shot DSC-H1，VCL-DH0758广角镜

# 广角镜使用免走动

f/2.8, 1/60秒, ISO100, 索尼 Cyber-shot DSC-V3, VCL-DEH07VA广角镜, HVL-F32X闪光灯

　　煮饭的地方并不太大，想拍摄整个场地，一个广角附加镜 VCL-DEH07VA是少不了的。最主要的原因是用户无路可退，就算是背靠着墙壁，不用广角镜的话，可能连放满整桌的食物也拍不到，如果是想拍下整个甜品制作过程的话这样当然不合格。安装广角镜的另一个理由就是可以尽量避免走动，始终在不太大的厨房中走来走去只会落得被人驱逐的下场。

▲VCL-DEH07VA广角镜

◀索尼 DCR-PC1000/E 加VCL-HA06广角镜

　　你可能会想使用DV把整个过程都摄录下来。刚才提到过，在厨房里走来走去并不是一个好主意，所以真的要拍的话建议使用三脚架，装上广角镜后放在一个不会妨碍到别人的位置来拍。

索尼 DCR-PC1000/E加VCL-HA06广角镜示范作品

## 留心捕捉突发一刻

f/4.0、1/100秒,ISO100、索尼 Cyber-shot DSC-V3、HVL-F 32X闪光灯

　　打鸡蛋对常下厨的人来说是手到擒来的事，但打鸡蛋失手是初下厨者常有的。有时制作过程中可能会出现一些类似的画面，要好好留心制作过程，把握一些有趣的画面，将来再重温的时候会更有乐趣。

索尼 DCR-PC1000/E示范作品

# 完成品拍摄

f/2.8, 1/60秒, ISO 100, 索尼 Cyber-shot DSC W7, VCL-DH0730广角镜

用广角镜近距离拍摄，除了能营造出有趣的构图之外，还可以清楚地拍到食物的模样。

索尼 DCR-PC1000E 加HVL-HFL1补光灯示范作品

厂房内某些角度实在太暗，使用DV拍摄时，要加上外置闪光灯HVL-HFL1来补光，甜品看起来会色泽艳丽。

索尼 DCR-PC1000E 示范作品

没有使用外置补光灯，蛋糕变得黯然失色。

f/4.0, 1/100秒, ISO 100,
Sony Cyber-shot DSC-V3, HVL-F32X闪光灯

甜品完成了，这个成功的见证怎可不拍一下？要把小甜品拍得漂亮，只靠现场的光恐怕会有点困难，因为色调及亮度都不太理想。大家可以利用环型灯HVL-RLA补光，或是利用外置闪光灯HVL-F32X以反射方式来拍摄，这两种闪光灯的光源较为柔和，有助于显现食物的质感，而且不会出现难看的阴影。如果甜品太小，而相机的微距功能又不太够用的话，应该使用近摄镜。

▲DSC-V
HVL-F32X闪光

拍摄食物时，拍摄者可以通过使用阴天白平衡或自设白平衡故意使相片色调偏暖，拍出来的食物感觉更为讨好。以正常白平衡拍出来的食物，感觉上缺乏暖意。

f/4.0，1/100秒，ISO100，索尼 Cyber-shot DSC-V3，VCL-DEH07VA广角镜\HVL-F32X闪光灯

f/3.5，1/30秒，ISO 200，索尼 Cyber-shot DSC-H1

f/3.5，1/100秒，ISO100，
索尼 Cyber-shot DSC-V3\HVL-F32X闪光灯

# 龙舟竞渡

　　中国有很多节日，随之而来的是甚具特色的传统节庆活动，端午节的龙舟竞赛就是一个好例子。这些活动一年只有一次，很多人都有兴趣亲身感受一下现场的气氛，并且拿起相机拍个痛快。

f/5.6，1/500秒，ISO100，索尼 Cyber-shot DSC-W6，VCL-DH1730远摄镜

## 远摄把龙舟看得更清楚

f／5.6，1/400秒，ISO 100，索尼 Cyber-shot DSC-H1，VCL-DH1758远摄镜

索尼DSC-H1本身已备有12倍光学变焦，加上1.7倍远摄镜VCL-DH1758，可以达到20.4倍光学变焦，在远远的岸上就可以拍到特写画面。

▶ DSC-H1加VCL-DH1758远摄镜

f／5.6，1/250秒，ISO 100，
索尼 Cyber-shot DSC-H1，VCL-DH0758远摄镜

f／5.6，1/250秒，ISO 100，
索尼 Cyber-shot DSC-H1，VCL-DH0758远摄镜

拍摄龙舟首先要克服的困难就是距离。一般人通常只会在岸边或桥上观看比赛，普通DC的变焦能力恐怕不太够用。这时DSC-H1的12倍变焦就大派用场。其他变焦能力不太强的DC可以安装远摄镜，在龙舟离自己最近的时候把握机会，也能够拍出动人的特写画面来。

▲ VCL-DH0758远摄镜

▲ DCR-DVD803/E
加ECM-HGZ1智能
变焦收音咪

如果用DV拍的话，不妨使用外置变焦收音咪如ECM-HGZ1与摄录机的变焦同步，那么周围人群的嘈杂声就不会被收录了。

# 连拍捕手

　　连拍需要大量记忆卡空间，不妨使用外置移动存储装置（数码伴侣），如索尼HDPS—M1，内置40GB硬盘，在每一次龙舟比赛之间的休息时间里，把相片复制到硬盘中，那么每一次龙舟经过的时候都可尽情连拍。

▲HDPS—M1相片储存硬盘

f/5.0，1/500秒，ISO100，索尼 Cyber—shot DSC—H1，VCL—DH1758远摄镜

f/5.0，1/500秒，ISO100，索尼 Cyber—shot DSC—H1，VCL—DH1758远摄镜

　　一般DC都会有一定程度的时滞，而拍摄龙舟完全是分秒必争，所以建议大家使用相机的连拍模式，不要错过任何时机。要拍出清晰的影像，快门要在1/250秒以上，用户可以通过使用高感光度来获得高速快门。

## 其他题材的拍摄

在数码相机前加上VCL-DH0730广角镜或VCL-DH1730远摄镜，不论远近景物都可以尽情拍摄。

▲DSC-W7加VCL-DH0730广角镜

f/7.1，1/500秒，ISO100，索尼 Cyber-shot DSC-W7，VCL-DH1730远摄镜

f/8，1/400秒，ISO100，
索尼 Cyber-shot DSC-W7，VCL-DH0730广角镜

f/7.1，1/200秒，ISO100，索尼 Cyber-shot DSC-W7，VCL-DH0730广角镜

　　其实到了比赛场地，也不是只有龙舟可拍，会场里的布置装饰也是平日少见的，例如那些插满岸边的旗帜，带有浓厚的节日气氛。这些色彩缤纷的摆设，也是可拍的题材。

# 公园女性人像

　　女像一直是热门的摄影题材之一，同时所用到的拍摄工具及技巧可以说是最多的，各种镜头、滤镜、脚架及闪光灯都有各自的戏份。要善用不同的配件，拍出来的相片才够突出。这次以公园为例，看看在青翠的草地上，蓝天之下，配上可人的模特儿，使用不同的配件可以获得什么样的效果吧！

f/3.5，1/80秒，ISO64，索尼Cyber-shot DSC-V3，HVL-F32X闪光灯

# 靓人靓景尽在眼前

f/3.2，1/640秒，ISO 100，索尼 Cyber-shot DSC-V3，VCL-DEH07VA广角镜

想要把周围漂亮的景色和人物一同拍下，最好是使用广角镜。就算不是刻意拍摄人像作品，大家到外地旅游也会遇到这种情况吧。如果想把人物背后的景色和人物一同拍摄进去，可以尽量以低角度拍摄，并请人物向你靠近一些，那样在拍摄进景物的同时，人物比例也不会过小。如果遇到逆光的情况，安装广角镜后请使用外置闪光灯。顺带提一下，如果想和模特儿合影的话，尤其是到外地游玩想在景点前留下倩影的人，请带上三脚架。

▲DSC-V3加
HVL-F32X闪光灯

## 广角创造特别效果

利用广角镜，一个小小的花丛也可以变成一个大花园，拍摄十分方便。

f／6.3，1／200秒，ISO 100，索尼 Cyber-shot DSC-V3，VCL-DEH07VA广角镜

还记不记得利用广角镜拍出来的特别人像效果？在用来拍摄风景以外，偶然利用那些技巧可以使相片更加富于变化。

f/5.6，1/125秒，ISO100，索尼 Cyber-shot DSC-V3，VCL-DEH07VA广角镜

索尼 Cyber-shot DSC-V3示范相片

索尼 Cyber-shot DSC-V3示范相片

索尼 Cyber-shot DSC-V3示范相片

## 迷人大头照

　　大多数拍摄人像的影友都会用长焦镜头远距离拍摄，以制造浅景深效果。人像照配合浅景深，感觉特别优美，模特儿会显得格外迷人。所以远摄镜头可以说是拍摄人像的必备配件，想要浅景深就靠它了。不过使用长焦距时快门不够快的话很容易出现手震的情况，所以必要时要使用三脚架。

f／5.6，1／160秒，ISO100，索尼 Cyber－shot DSC－V3，VCL－DEH17VA远摄镜

f／5.6，1／160秒，ISO100，索尼 Cyber－shot DSC－V3，VCL－DEH17VA远摄镜

## 重现大自然色彩

蓝天白云的时候，PL偏振镜绝对是要长期安装在镜头前的附件。除了拍摄天空的时候要用到它，它同样能消除植物表面的反光，令碧草更加青翠，令整张相片的色调更加鲜明。由于偏振镜会减少进入镜头的光量，就连使用闪光灯时都会大大降低闪光灯的效果，所以需要补光的时候，对闪光灯的强度要求会较高，所以必要时请用外置闪光灯。

▲DSC－W7加VF－30CPKXS偏振镜

f/4，1/250秒，ISO100，索尼 Cyber－shot DSC－W7，VF－30CPKXS偏振镜

索尼 Cyber－shot DSC－W7示范相片

　　拍摄人像动用的配件真的很多，如何更有效率地更换及安装是拍摄者应该注意的问题。为了安全起见，使用一个可靠的专用摄影包还是十分重要的。例如右图的LCS－CSE摄影包，备有多个间格放置配件，方便携带。

▲LCS－CSE摄影包

f/3.5，1/125秒，ISO64，索尼 Cyber－shot DSC－H1，VF－58CPKS偏振镜

f／8，1／15秒，ISO100，索尼 Cyber－shot DSC－V3，VF－58CPKS偏振镜

f／8，1／15秒，ISO100，索尼 Cyber－shot DSC－V3

别看这个环境的光线这么充足，其实因为是逆光以及在树荫下，加上当时已经是黄昏时分，所以快门已经慢至1／15秒。但因为舍不得这么漂亮的光线，所以还是要架起三脚架继续拍摄。所以说三脚架总是在有需要的时候帮你度过难关，所以有心拍摄的人还是带上三脚架吧。

拍摄女性人像有时会用到连拍功能，以便捕捉到模特儿瞬间的表情。另外面对动人的模特很多人都会多拍，所以索尼HDPS－M1相片储存硬盘（数码伴侣）这种可以使拍摄无忧的配件是必需的。

▲HDPS－M1相片储存硬盘

# 动植物生态

　　大家购买DC或DV的主要原因，离不开想拍摄记录式的 "相片" 或是创作性质的"作品"吧。其实这样分类也许有点不对，因为很多时候可被称为"作品"的相片以题材来说是和"相片"一样的，区别在于你怎样去拍。就像是鸟雀及花卉，普通人随手所拍，那就是"相片"。如果你肯善用各种配件，就会发现它们有你平时看不到的一面，这些相片就是"作品"。如何把它们拍得出众，以下为你示范。

f/3.7，1/100秒，ISO400，索尼 Cyber-shot DSC-H1，VCL-DH1758远摄镜

## 鸟雀大捕捉

f/3.7，1/150秒，ISO200，索尼 Cyber-shot DSC-H1，VCL-DH1758远摄镜

最终极的"捕雀"工具，非DSC-H1莫属，它加上远摄镜头后的焦距超过700mm，配合防手震功能，任何小巧或胆小的鸟雀都能手到擒来。使用这样的焦距来拍摄鸟雀，你就会发觉鸟雀并非都是一模一样的，每一只都有它们各自的神态。

▲DSC-H1加VCL-DH1758远摄镜

f/3.5，1/160秒，ISO400，索尼 Cyber-shot DSC-H1，VCL-DH1758远摄镜

DSC—H1加VCL—DH1758远摄镜 示范作品

DSC—H1加VCL—DH1758远摄镜 示范作品

由于焦距长，手震又容易出现，这个时候三脚架绝对是个好帮手。另外还有一个使用三脚架的好理由，就是相机加了远摄镜后重心会向前倾，通常都要双手持机，而拍摄鸟雀很多时候要耐心守候，所以三脚架是一个可助你节省体力又增加稳定性的好帮手。

▲VCT—150Q 三脚架

## 深海奥秘

　　现在很多人都喜欢潜水，有空便去潜个痛快。若说鸟雀难拍，那水底的生态奇观可以说就更加困难了。何不带一个潜水罩，一并把自己的拍摄器材带到水底?在水中拍摄，最重要的，也可以说是唯一的技巧就是要使用闪光灯或潜水拍摄灯，水底世界的色彩往往都是用闪光灯或潜水拍摄灯展现出来的。只有有光的反射,相机才能够记录影像，因为只有部分光线能直达水底，所以闪光灯或潜水拍摄灯就成了唯一的光源。

▲ MPK-WA潜水罩 (40米深)

DSC-W7加MPK-WA潜水罩 示范作品

DSC-W7加MPK-WA潜水罩 示范作品

f / 3.5，1 / 40秒，ISO100，索尼 Cyber-shot DSC-W7，MPK-WA潜水罩

f／3.5，1／40秒，ISO160，索尼 Cyber－shot DSC－W7，MPK－WA潜水罩

f／3.5，1／40秒，ISO160，索尼 Cyber－shot DSC－W7，MPK－WA潜水罩

第 二 章　　　　　　　场景实战示范篇

## 花花世界

　　平时看花，只着重拍它们的色彩及形状，这对一般人来说就足够了。但如果你想继续发掘一朵花更真实的一面，靠相机本身的微距功能多数是不够的。那就在相机上加上一块近摄镜吧，强劲的近拍能力甚至可以令你看到花蕊的模样，更能帮助你拍摄花朵的形态。

▲VCL−M3358近摄镜

f／5.6，1／250秒，ISO 200，索尼 Cyber−shot DSC−V3，VCL−M3358近摄镜

f／5.6，1／500秒，ISO400，索尼 Cyber−shot DSC−V3，VCL−M3358近摄镜

f／5.6，1／200秒，ISO200，索尼 Cyber－shot DSC-V3，VCLM3358\HVL-RLA环形灯

f／5.6，1／125秒，ISO200，索尼 Cyber－shot DSC-V3，VCL-MS358，HVL-RLA环形灯

　　微距要解决采光问题。如果没有近摄镜头，那相机镜头本身很容易会遮盖光源而造成阴影。就算没有造成阴影，光源不足也是常见的事。不要忘记有一款名为环形灯的配件，它是专为微距拍摄而设计的，好好使用吧。

▶ DSC-V3加
HVL-RLA环形灯

# 醉人夜景

　　香港的夜景总是非常迷人，五光十色的霓虹灯后面的繁华使人能够感受到这个城市的生气与活力。庆幸自己身处这个令人陶醉的地方，何不利用手中的器材记录这美好的景象？走到闹市中，有很多拍摄夜景的好地方。掌握好拍摄技巧，走到哪里都可以拍出好作品来。

特别的节日，使用DV来拍摄影片绝对是一个好主意、如果是拍摄烟花，可以安装4声道收音咪来把现场震撼的爆炸声及音乐都收录下来。再通过 VAIO CLick to DVD 2.0软件刻录成5.1声道DVD，随时都可以把现场的效果在家中重现。如果想把人物也拍摄在内，请带外置内光灯吧。

▲DCR—PC1000／E加ECM—HQP1 4声道收音咪

f／5.6，3秒，ISO64，索尼 Cyber—shot DSC—H1，VCL—DH0758广角镜

索尼 Handycam DCR—DVD803／E示范作品

# 相片清晰防震精灵

　　很多人不喜欢带三脚架，但没有它，任何夜景都无法拍。拍摄夜景需要长时间曝光，如果没有三脚架的话，根本没法拍摄出清晰的相片。

▲VCT-1500L三脚架

f/5.0，1/500秒，ISO100，索尼 Cyber-shot DSC H1，VCL-DH1758广角镜

　　就算使用了三脚架，很多时候也会出现水平线不水平的问题。如果想使相片构图较为工整，而又不想作后期处理的话，便要多多注意相机水平这个问题了。

除了环顾整个海港景色之外，也可以利用变焦功能，集中拍摄某一两栋大厦。这时候使用竖幅拍摄会更适合。

f/8，10秒，ISO64，索尼 Cyber-shot DSC-V3

如果想利用变焦将对岸景色看得更清楚，并使用水平摇动环览长长的海岸线的话，最好使脚架保持稳定，否则便会如例图般摇晃不定。不要忘记DV可以用专用脚架，除了有线控令操作更加方便之外，其油压云台可以令水平摇动更加稳定。可能的话不要和DC共享一个脚架。

▲VCT-D680RM 三脚架

索尼 DVD Handycam DCR-DVD803/E示范作品

## 壮阔海岸尽收镜底

　　要记录整个壮观的景色，当然少不了广角镜的份儿。无论是使用DV或者是DC，广角镜都是一个很有帮助的配件。顺带一提，索尼新款数码相机都有3：2的相片格式，比起普遍的4：3格式，3：2的上下部分会较少。拍摄漂亮的海岸线，使用这种格式空间感会更好。

▲DSC－W7加VCL－DH0730广角镜

f/5.6，1秒，ISO100，索尼 Cyber-shot DSC－V3

DSC－V3示范作品

DSC－V3示范作品

使用三脚架时，可以多试试从不同的角度拍摄。环绕身边的是高楼大厦，利用三脚架向上拍摄，出来的是仰望附近大厦的照片，比一般正面拍摄的更有气势。如果利用了广角镜，那出来的气势会更强。

DSC-V 3示范作品

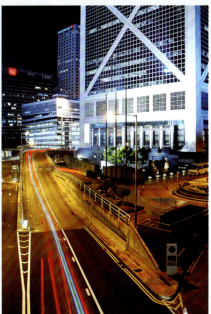

DSC-V 3示范作品

除了拍摄建筑物，相信大家也看多了光的轨迹这种夜景照片吧。在车辆经过的时候作长时间曝光，就能够拍摄到这种光的轨迹。如果想画面包含更长的光条，那就要使用广角镜了。

由于要作长时间曝光，加上处理时间，所以就算拍摄的张数并没那么多，电力还是会迅速消耗，所以多带后备电池是有必要的。另外多带记忆卡可以避免记忆卡没空间而扫兴的局面。以上提到了这么多配件，外出的话带上专用摄影包，就不会手忙脚乱了。

▲LC S-CSE摄影包

# 夏日海滩

　　夏天最好到大海去畅泳，感受一下阳光与海滩。不过在嬉水的同时，别忘记利用你的DC或DV把欢乐的气氛拍下来。在海滩只要善用各种配件，便可以拍出很多不同的作品，几乎每个配件都有出场的时候，好好利用手上的配件去拍摄吧。

f/7.1，1/125秒，ISO100，索尼 Cyber-shot DSC-V3，HVL-F32X闪光灯

# 海滩防水特攻

f/3.5, 1/640秒, ISO100, 索尼 Cyber-shot DSC-W7, MPK-WA潜水罩

一提到海滩便会联想到下水畅泳，一般的DC及DV对水都是敬而远之的，千万不要让水打湿器材，尤其是带有盐分的海水，它对电子器材的杀伤力是非同小可的。但是，难得到了海滩，就不能拍摄嬉水的照片吗？其实很多DC及DV都能安装潜水罩，可以使相机浸在水里拍摄，并同时保持操控性能。就算你不打算潜水，在海滩时亦建议为你的器材安装一个潜水罩，谁知道何时会不慎有水花溅过来呢？而且海滩风大，吹起沙粒亦会对器材造成损伤，所以潜水罩还是十分重要的。

▲DSC-W7加上MPK-WA潜水罩，便不用怕相机沾到海水受损了，更可下潜至40米水深进行拍摄！

▲SPK-HCA潜水罩，适合大部分DV使用，来拍摄属于你自己的MV吧！

f／3.5，1／250秒，ISO100，
索尼 Cyber－shot DSC－W7，MPK－WA潜水罩

f／4，1／160秒，ISO100，
索尼 Cyber－shot DSC－V3，VCL－DEH07VA广角镜

f／4.5，1／320秒，ISO100，
索尼 Cyber－shot DSC－W7，MPK－WA潜水罩

f／5.6，1／125秒，ISO100，
索尼 Cyber－shot DSC－W7，MPK－WA潜水罩

## 拍出夏日色彩

　　海滩除了少女及泳衣之外，其漂亮的风景也是必拍的对象之一。比起广角镜，可能一块PL偏振镜会显得更加重要。漂亮的蓝天风景照拥有浓厚的夏日气息，而偏振镜同时能够消除海面的反光，令水底的色彩显现出来。在不用偏振镜的情况下，记得要安装一个广角镜去拍摄那广阔的海滩哟。

▲VF-58CPKS偏振镜

f／4.5，1／500秒，ISO100，索尼 Cyber-shot DSC-V3，
HVL-F32X闪光灯，VF-58CPKS偏振镜

f／5.6，1／250秒，ISO100，
索尼 Cyber-shot DSC-V3，VCL-DEH07VA广角镜

f／3.5，1／400秒，ISO100，
索尼 Cyber-shot DSC-H1，VF-58CPKS偏振镜

f／2.8，1／500秒，ISO100，索尼 Cyber-shot DSC-H1，VF-58C PKS偏振镜

f／4.5，1／500秒，ISO100，索尼 Cyber-shot DSC-V3，VCL-DEH07VA广角镜

f／4.5，1／400秒，ISO100，索尼 Cyber-shot DSC-V3，
VF-58CPKS偏振镜

f／4.5，1／500秒，ISO100，
索尼 Cyber-shot DSC-W7，VCL-DH0730广角镜

f／8，1／80秒，ISO100，索尼 Cyber-shot DSC-H1，
VF-58CPKS偏振镜

## 水上浪漫

　　大家若是有十字闪光滤光镜(Cross Screen Filter)在手的话，也不妨使用，这样在水面拍摄的时候能够产生出如诗如画的浪漫感觉。

▲VF-58SC十字闪光滤光镜

f/8，1/250秒，ISO100，索尼 Cyber-shot DSC-V3，VF-58SC十字闪光滤光镜

f/8，1/250秒，ISO100，索尼 Cyber-shot DSC-V3，VF-58SC十字闪光滤光镜

## 补光闪光灯显笑容

　　夏日阳光充足，在海滩拍摄的时候往往都会有强烈的阴影出现在脸上，有时对着阳光拍照又会睁不开眼，逆光拍摄又会使人物变得黑头黑脸，这个时候要记得开启闪光灯。若是距离太远，或是因为环境太亮要收缩光圈的时候，内置闪光灯的力度可能会不够。另外，安装了偏振镜拍摄人像，因为偏振镜会减少入光量，闪光灯的输出要求会更高。这时，外置闪光灯又派上用场了。阳光有时太充足，不能开大光圈怎么办?你忘了减光滤镜（中灰滤镜）的存在了吗?

f/3.5，1/640秒，ISO100，索尼 Cyber-shot DSC-W7，HVL-FSL1闪光灯

## 真情流露

f／3.5，1／640秒，ISO100，索尼 Cyber-shot DSC-W7，VCL-DH1730远摄镜

　　如果没有潜水罩，又想拍到同行朋友嬉水的盛况，那不妨使用长焦距在远处拍摄，这样就不会受到溅湿器材的威胁。焦距不够长的话可以使用远摄镜，单靠相机本身可能是不够的，除非你使用的是有12倍强劲光学变焦的DSC-H1或者是DV。如果是使用DV的话，最好一并使用外置收音咪，就算在远处也不怕听不到他们欢乐的声音。这种拍摄手法还有一个好处，就是他们会忽视你的存在，你就可以尽情捕捉他们的真情瞬间，而且长焦距所带来的浅景深效果更能突出主体。

▶ DSC-H1加VCL-DH1758远摄镜
在远处拍摄，不怕器材被溅湿。

## 归途

f／8，1／60秒，ISO100，索尼 Cyber-shot DSC-V3，VF-58CPKS偏振镜

　　玩得尽兴而归的同时，别忘记欣赏美丽的夕阳。如果天空的晚霞漂亮的话，那就不要客气，安装广角镜拍摄吧。另外，这个时候使用PL偏振镜也能加深云层及海水的颜色。拍摄时把曝光补偿调至-0.3或-0.7EV的话，可以使画面的色彩更加浓郁。但要注意夕阳时分光线并不如眼睛看上去那样充足，有必要就使用你的三脚架。

# 特别节日

　　节日里，很多影友都喜欢在与家人外出的时候携带自己的器材大拍特拍。根据不同的情况，拍摄所需的配件各有不同。从这么多章节中，其实可以看到，很多配件在大部分的场合都适用，把它们都放进摄影包随时待命吧。多多练习使用各种配件辅助拍摄，技术必定会有所提高。祝大家旅途拍摄愉快。

## 拍好大佛好运来

DSC－W7加ⅤCL－DHO730广角镜 示范作品

　　新春时节，陪伴父母到大屿山宝莲寺品尝斋菜，顺道观看大佛。如果想拍摄大佛，当然需要广角镜的帮助才可以把整个大佛拍下。如果如图般遇上逆光的情况，切记要使用重点测光，或手动增加曝光进行补偿。逆光的情况看似很麻烦，但拍出来的效果犹如佛光乍现，更具气势。

▲DSC－W7加ⅤCL－DHO730广角镜

## 抛出新春好气氛

位于大埔林锦公路的林村，很多人都会到那里的许愿树抛愿望符，这是香港人新春时的一个热门行程。要把人和树一次拍下，切记要使用广角镜，还要以低角度拍摄，从下方拍人物往上抛的动作，广角效果使许愿树更加雄伟，气势十足。

▲使用DSC-V3加VCL-DEH07VA广角镜，广角效果使许愿树更加雄伟。

## 梦幻圣诞灯饰

圣诞节是观看灯饰的好时机，同时又是拍摄的好时候。虽然要带三脚架这种体积稍大的配件，但难得的拍摄时机错过就太可惜了。闪闪发光的灯饰，当然要尽收在广角镜底下才有气势。如果一大帮朋友一起外出，不妨同时带上外置闪光灯。另外，十字闪光滤镜也是一个随时能带来意想不到效果的配件。只是大部分时间都安装有广角镜时，要使用十字闪光滤镜就要有所取舍了。

## 大坑东舞火龙

　　舞火龙的盛况只会在夜间出现，但这次却不建议大家使用三脚架拍摄。因为火龙不断移动，就算使用三脚架也不能拍出清晰的影像。拍摄火龙，要使用慢速快门来捕捉火龙的动感，但成功获得清晰主体的难度非常大，所以同时需要闪光灯的辅助，通过闪光把一刹间的动作凝固住，这样就可以获得一条有清晰身影而又不失动感的火龙了。

▲DSC－V3加
　HVL－F32X闪光灯

## 万圣节见鬼实录

　　万圣节时只要走到兰桂坊附近，就可以见到形形色色的"妖魔鬼怪"。想与他们合照的话，使用闪光灯可以保证光线充足。另外也建议带上广角镜，因为人多的关系，镜头不够广的话很难用后退几步的方法来解决，所以就算不是拍摄风景，广角镜也是很有价值的。

▲DSC－W7加
　VCL－DH0730广角镜

## 中秋佳节七彩花灯

　　中秋时节是各式各样的花灯争艳的时候。大家拍摄花灯时，当然也会用到三脚架。此外，面对高大的花灯，多用广角镜可以使取景变得轻松。

▲VCL-1500L 三脚架

## 小朋友表演

　　圣诞节很多学校都会举办各种活动，让学生表演节目。作父母的，如果孩子有表演，怎能不捧场？既然去了，为什么不带上器材去拍摄呢？很多父母都会带DV机，把整个表演都拍摄下来，期间利用变焦功能把焦点集中在自己的孩子身上。这个时候三脚架的稳定性会是一个很重要的工具，还可减轻疲劳。如果现场没位置安放三脚架，可以考虑带一支较小的，然后不张开脚放在座位上拍摄，同样可以达到稳定的效果。

　　拍摄影片时当然少不得要收录表演时的声音，尤其是在远距离拍摄的时候，外置的变焦收音咪很有必要。

▲DCR-DVD803/E
加ECM-HGZ1智能变焦收音咪

　　一大帮小朋友的生日聚会，要替他们拍照留念，当然要使用广角镜。如果光线不足，最好使用外置闪光灯。

▲DSC-V3加VCL-DEH07VA
广角镜加HVL-F32X闪光灯

拍摄DV影片时，使用DV专用脚架如VCT-D680RM，有遥控手柄，可以很稳定地进行水平摇动和拉近，拍摄到小朋友的特写，多可爱啊！

▲VCT-D680RM三脚架

# 第三章

# 索尼
# 原装配件图鉴

## Cyber-shot专用配件

## Handycam专用配件

# Cyber-shot 专用配件

## 镜头

### 远摄镜VCL-DH1730

1.7×远摄镜能够让相机拍到更远的物体，体积小，方便携带，需配合镜头转接环使用。

· DSC-W7 · DSC-W5 · DSC-P200
· DSC-S90 · DSC-S60

### 远摄镜VCL-DH1758

适合DC S－H1及DSC－V3使用的1.7×远摄镜能够让相机拍到更远的物体，DSC-H1安装后焦距长达734.4mm。附镜头袋。

· DSC-H1 · DSC-V3

### 远摄镜VCL-DEH17VA

适合DSC-V3使用的1.7×远摄镜，可使相机拍到更远的物体。附有镜头转接环及镜头袋。

· DSC-V3

### 广角镜VCL-DH0730

0.7×广角镜能够让相机拍到更广阔的景物，体积小，方便携带。需配合镜头转接环使用。

· DSC-W7 · DSC-W5 · DSC-P200 · DSC-S90 · DSC-S60

### 广角镜VCL－DH0758

适合DSC-H1使用的0.7×广角镜能够让相机拍到更广阔的景物，安装后焦距达到25.2mm。附镜头袋。

· DSC-H1

### 广角镜VCL－DEH07VA

适合DSC－V3使用的0.7×广角镜，能够让相机拍到更广阔的景物。附有镜头转接环及镜头袋。

· DSC-V3

# 滤光镜

## 中灰滤光镜及MC保护镜VF-30NK

用于消除因曝光过度而形成的光晕，尤其适用于海边及雪地地区。附有MC保护镜及滤镜保护盒。

· DSC-W7 · DSC-W5 · DSC-P200
· DSC-S90 · DSC-S60

## 中灰滤光镜及MC保护镜VF-58M

用于消除因曝光过度而形成的光晕，尤其适用于海边及雪地地区。附有MC保护镜及便携袋。

· DSC-H1 · DSC-V3 · DSC-F828

## 偏振镜及MC保护镜VF-30CPKS

能够提高颜色对比，消除物体表面反光，在隔着玻璃拍摄或拍摄蓝天时尤为有用。附有MC保护镜及滤镜保护盒。

· DSC-W7 · DSC-W5 · DSC-P200
· DSC-S90 · DSC-S60

## 偏振镜及保护镜VF-58CPKS

能够提高颜色对比，消除物体表面反光，在隔着玻璃拍摄或拍摄蓝天时尤为有用。附有MC保护镜及便携袋。

· DSC-H1 · DSC-V3 · DSC-F828

## 柔焦及十字闪光滤光镜VF-58SC

能够产生朦胧的画面效果以及十字灯光效果的滤光镜。附有便携袋。

· DSC-H1 · DSC-V3

# Cyber-shot 专用配件

## 闪光灯

### 外置闪光灯HVL-FSL1

只需内置闪光灯便可引发同步闪光，比内置闪光灯更强，有效距离更远。

· DSC-W7 · DSC-W5 · DSC-P200
· DSC-S90 · DSC-S60 · DSC-S40

### 环形灯HVL-RLA

专为微距拍摄而设，能提供柔和平均的光线，避免阴影的出现。

· DSC-H1 · DSC-V3 · DSC-F828

### 配件连接器VCT-S30L

用于DSC-H1，使用环型灯时安放控制器的连接支架。

· DSC-H1

### TTL外置式闪光灯HVL-F32X

具有最准确的TTL测光功能的闪光灯，最多能向上作90度调校。

· DSC-V3 · DSC-F828

# 潜水专用配件

## 潜水拍摄灯HVL-ML20M

为潜水拍摄而设的潜水拍摄灯，以便在水底拍摄时有充足光线。

· DSC-W7 · DSC-W5

## 潜水保护罩MPK-WA

能让相机在40米水深处拍摄，同时也能让相机免受雪和灰尘的侵袭。

· DSC-W7 · DSC-W5

## 专用偏振镜及
## MC保护镜VCT-MP5K

能够校正水底颜色偏蓝的滤镜，需配合潜水罩使用。附有滤镜包。

· DSC-W7 · DSC-W5

## 运动型外拍套装SPK-THA

外型时尚轻巧，能让相机在3m水深处拍摄，同时亦能让相机免受雪和灰尘的侵袭。附有手带及浮球。

· DSC-T7

# Cyber-shot 专用配件

## 三脚架

### 摄像机三脚架VCT-1500L

体积轻巧，设有快装板方便安装。能张开架脚降低高度，适合低角度微距拍摄。

· 全线Cyber-shot系列

## 电池系列

### R系列锂离子高容量充电池NP-FR1

与标准电池一样细小轻巧，具有更高的电量，适合长时间拍摄。

· DSC-V3 · DSC-P200

## 数码相片存储硬盘及打印机

### 相片存储硬盘（数码伴侣）HDPS-M1

易于携带，插卡后一按就能把MS记忆卡或CF记忆卡内的资料复制到硬盘。

· 全线Cyber-shot系列

### 热升华数码相片打印机DPP-FP50

支持Pict-Bridge，无须经过电脑便可自助打印出高质量的相片，直接支持MS PRO，MS Duo，SD及CF存储介质。热升华技术下打印的相片细腻无墨点。

· 全线Cyber-shot系列

# 专用摄影包

## 专用摄影包LCS-CSD

采用尼龙质料的软质摄影包，多夹层设计适合安放各样配件。附有肩带。

· DSC-T7 · DSC-W7 · DSC-W5 · DSC-P200
· DSC-S90 · DSC-S60 · DSC-S40 · DSC-V3

## 专用摄影包LCS-HA

轻巧时尚的DSC-H1专用相机袋，设有夹层可放置记忆卡或电池。

· DSC-H1

## 专用摄影包LCJ-HA

DSC-H1专用的高级真皮皮套，特别设计，方便随时取出相机。包分为两个部分，其中一个部分可以连住机身，方便随时拍摄，保护性很强。

· DSC-H1

## 相机套摄影包LCJ-VHA

外型美观的摄影包，保护机身的良品，并附肩带方便携带。包分为两个部分，其中一个部分可以连住机身，方便随时拍摄，保护性很强。

· DSC-V3

# Cyber-shot 配件表

| | F828 | V3 | H1 | T7 | P200 | W7/W5 | S90/S60 | S40 |
|---|---|---|---|---|---|---|---|---|
| 型号 | | | | | | | | |
| 配件套装 | ACC-CFM | ACC-CFR | | | ACC-CFR | | ACC-CN3TR | ACC-BDL |
| Memory Stick 记忆卡 | | MS/MS Pro | MS/MS Pro | MS Duo/MS Pro Duo | | MS/MS Pro | MS/MS Pro | |
| 电池 | NP-FM50 | NP-FR1 | NH-AA-2DB | NP-FE1 | NP-FR1 | NH-AA-2DB | NH-AA-2DB/NP-NH25 | NH-AA-2DB |
| 充电器 | DCC-L50B, AC-SQ950D, AC-VQ50 | BC-TR1 | BC-TR30 | | BC-TR1 | | BC-TR30 | |
| Cyber-shot 连接座 | | DCC-L1 | | | CSS-PHB, DCC-L1 | | CSS-SA | |
| 汽车充电器 | | STP-SA | | | | | | |
| 颈带/肩带/手带 | | | | | STP-NA | STP-HA | STP-HB | |
| 镜头连接环 | | VAD-VHA | | | VAD-PHC | VAD-WA | VAD-PEB | |
| 广角镜 | | VCL-DEH07VA | VCL-DH0758 | | | VCL-DH0730 | | |

| 远摄镜 | 近摄镜 | 偏振镜/中灰滤光镜 | 特效滤光镜 | 三脚架 | 遥控快门连接线 | 闪光灯/环型灯 | 专用摄影包 | 潜水/防水专用配件 |
|---|---|---|---|---|---|---|---|---|
| VCL-DH2630 VCL-DH1730 | | VF-30NK VF-30CPKS | VF-30SC | VCT-MTK | | HVL-FSL1 | LCS-SA | SPK-SA |
| | | | | VCT-R640 | | | LCM-WA LCS-WB/WD LCS-CSF | MPK-WA |
| | | | | VCT-1500L | | | LCM-PHA LCS-PHE LCS-CSD（DSC-H1不适用） | |
| | | | | | | | LCM-THA LCS-THE LCS-CSE | SPK-THA |
| VCL-DH1758 VCL-DEH17VA | VCL-M3358 | VF-58M | | VCT-R640 | RM-VD1 HVL-RLA/HVL-FSL1 | LCS-HA | LCJ-HA | |
| | | VF-58CPKS | VF-58SC | VCT-1500L VCT-D480RM | RM-DR1 HVL-F32X HVL-F1000 | HVL-RLA | LCH-FHB LCJ-FHB LCS-CSE | LCJ-VHA |

101

# Handycam 专用配件

## 镜头

### 远摄镜VCL-HA20

2.0×远摄镜能够让相机拍到更远的景物，附有25/30/37mm 3款连接件，所以适用于多款Handycam。

· PC1000/E · DVD803/E · DVD703/E · DVD653/E
· DVD602/E · HC90/E · HC42/E
· HC32/E · HC21/E

### 远摄镜VCL-2030X

一只配合机身颜色的2.0×远摄镜，适合远距离拍摄，镜头直径为30mm。

· PC1000/E · DVD803/E · DVD703/E · DVD653/E
· DVD602/E · HC90/E

### 广角镜VCL-HA06

0.6×广角镜能够让相机拍到更广阔的景物，附有25/30/37mm 3款连接环，所以适用于多款Handycam。

· PC1000/E · DVD803/E · DVD703/E · DVD653/E
· DVD602/E · HC90/E · HC42/E · HC32/E · HC21/E

### 广角镜VCL-0630X

一只配合机身颜色的0.6×广角镜，适合狭窄环境拍摄，镜头直径为30mm。

· PC1000/E · DVD803/E · DVD703/E
· DVD653/E · DVD602/E · HC90/E

# 滤镜

# 补光灯／闪光灯

## 中灰滤光镜VF-30NK及MC保护镜

用于消除曝光过度而形成的光晕，尤其适用于海边及雪地地区。附有MC保护镜及滤镜保护盒。

· PC1000/E · DVD803/E · DVD703/E
· DVD653/E · DVD602/E · HC90/E

## 智能补光／闪光灯HVL-HFL1

轻巧的补光灯，在光线不足的场合能为主体照明，一灯同时兼顾影片及相片的拍摄。

· DVD803/E · DVD703/E · DVD653/E · DVD602/E
· HC90/E · HC42/E · PC1000/E · PC55/E · HDR-HC1/E

## 偏振镜及
## MC保护镜VF-30CPKXS

能够提高颜色对比及消除物体表面反光，在隔着玻璃拍摄及拍摄蓝天时非常有用。

· PC1000/E · DVD803/E · DVD703/E
· DVD653/E · DVD602/E · HC90/E

## 智能补光灯及红外线摄录灯HVL-HIRL

在使用红外线夜摄模式时能加强有效拍摄范围，兼备作为补光灯照明主体的功能。

· DVD803/E · DVD703/E · DVD653/E · DVD602/E
· HC42/E · HC90/E · HDR-HC1/E

# Handycam 专用配件

## 收音咪

### 4声道立体收音咪ECM-HQP1

简单收录4声道环绕声音音效果，另备有"宽立体声"及"立体声"模式以供选择。

· PC1000/E · DVD803/E · DVD703/E · DVD653/E
· DVD602/E · HC90/E · HC42/E · PC55/E · HDR-HC1/E

### 智能收音咪ECM-HGZ1

能够随着摄录机变焦而调整收音范围的收音咪，确保远距离拍摄亦收音清晰。

· PC1000/E · DVD803/E · DVD703/E · DVD653/E
· DVD602/E · HC90/E · HC42/E · PC55/E · HDR-HC1/E

## 三 脚 架

### 摄录机三脚架VCT-D680RM

最高高度1.45m，折合后高度仅48cm，最重承担量为1.1Kg，附摇控把手。

· PC1000/E · DVD803/E · DVD703/E · DVD653/E · DVD602/E
· HC90/E · HC42/E · HC32/E · HC21/E · HDR-HC1/E

### 摄录机三脚架VCT-870RM

最高高度1.63m，折合后高度仅67cm，最重承担量为2Kg，附摇控把手。

· PC1000/E · DVD803/E · DVD703/E · DVD653/E · DVD602/E
· HC90/E · HC42/E · HC32/E · HC21/E · HDR-HC1/E

## 潜水专用配件

### 水底拍摄外罩MPK-DVF7

能够在75米水深下拍摄，水底拍摄专用。适合Handycam系列摄像机使用。

· DVD803/E · DVD703/E · DVD653/E · DVD602/E
· HC90/E · HC42/E · HC32/E · HC21/E

### 水底拍摄外罩SPK-HCA

能够在8米水深拍摄，内置立体声收音咪，适合多款摄像机使用。

· DVD803/E · DVD703/E · DVD653/E · DVD602/E
· HC90/E · HC42/E · HC32/E · HC21/E

# 摄影包

### 专用摄影包LCM-PCD
轻便的DCR-PC1000/E专用摄影包，附肩带、软垫及电池袋。

· PC1000/E

### 摄影背包
下半部可拆成腰袋，使用时更具弹性。

· 全线Handycam系列

# 电池系列

### A系列锂离子高速充电器BC-TRA
方便携带的A系列锂离子充电器，适合旅行使用。

· PC1000/E · HC90/E · PC55/E · DVD7/E

### P系列锂离子充电池NP-FP71
高电量P系列锂离子充电池，在处于零度低温时仍能维持98%的拍摄时间。

· DVD803/E · DVD703/E · DVD653/E · DVD602/E
· HC42/E · HC32/E · HC21/E

### P系列锂离子高速充电器AC-VQP10
P系列锂离子高速充电器，备有LCD显示屏显示电量。

· PC1000/E · HC90/E · PC55/E · DVD7/E

### A系列锂离子充电池NP-FA70
高容量A系列超薄型锂离子电池。

· PC1000/E · HC90/E · PC55/E · DVD7/E

# Handycam 配件表

| 型号 | 配件套装 | 电池 | 充电器 | 专用摄影包 | 广角镜 | 远摄镜 | 偏振镜 |
|---|---|---|---|---|---|---|---|
| HDR-FX1/E | — | F570/F770/F970 | BC-V615 | LCS-VCB, LCH-FXA | VCL-HG0872 | — | VF-72CPK |
| HDR-HC1/E | — | NP-FM50/NP-QM71D/NP-QM91D | AC-SQ950D, AC-VQ50 | LCH-HCE, LCS-HCE | VCL-HG0737Y | VCL-HG2037Y | VF-37CPKS |
| HC21/E | ACC-FP30 (只适用于HC32/E 和HC21/E) | NP-FP50 | — | LCS-HCB, LCS-VA6 | VCL-HA06 | VCL-HA20 | — |
| HC32/E | ACC-FP50A | NP-FP71 | AC-VQP10 | LCM-HCD, LCS-VA10 | VCL-0625S | VCL-2025S | VF-25CPKS |
| HC42/E | ACC-DVP2 | NP-FP90 | BC-TRP | LCS-VA20 | VCL-HG0725 | VCL-HG2025 | — |
| DVD803/E, DVD703/E, DVD652/E, DVD602/E | ACC-DVDP | — | — | LCM-DVDB, LCS-VAC | VCL-HA06 | VCL-HA20 | — |
| HC90/E | — | NP-FA50 | — | LCM-HCC, LCS-VA8, LCS-VA30 | VCL-HG0730 | VCL-HG2030 | VF-30CPKXS |
| PC1000/E | — | NP-FA70 | BC-TRA | LCM-PCD, LCS-VA40 | VCL-0630X | VCL-2030X | — |
| PC55/E | — | NP-FA50 | — | LCM-PC55, LCS-VA50 | — | — | — |
| DVD7/E | — | NP-FA50/70 | — | LCS-DVD7, LCS-WVA | — | — | — |

|  |  | | | | |
|---|---|---|---|---|---|
| 中灰滤光镜 | VF-R37NK | VF-R25NK | | VF-R30NKX | |
| 三脚架 | VCT-PG10RM/1170RM/870RM | VCT-870RM | VCT-D680RM | VCT-D580RM | VCT-R640 / VCT-MTK / VCT-TK1 / VCT-R640 / VCT-MTK |
| 遥控快门连接线 | RM-VD1 | | | | |
| 补光灯/闪光灯 | HVL-HFL1 / HVL-HL1 | | | HVL-HFL1 / HVL-HL1 | |
| 红外线摄录灯 | HVL-IRM | | | HVL-IRL | |
| 智能收音咪 | BCM-MSD1 / ECM-HQP1 / ECM-HST1 / ECM-HGZ1 | | | ECM-HQP1 / ECM-HST1 / ECM-HGZ1 | |
| 运动外拍专用配件 | | | SPK-HCA | | |
| 潜水专用配件 | | MPK-DVF7 | HVL-ML20M | | |
| 户外摄影包 | LCR-FXA | LCR-TRX5 | | | |
| 影音连接线 | VMC-20FR | | VMC-30FS | VMC-15FS | |
| Memory Stick 记忆卡 | MS Duo/MS PRO Duo | | | MS Duo/MS PRO Duo | |

# 近期新书简介

## 《拍摄BB成长大百科》

(ISBN 978-7-80236-050-1
彭绍伦编著 16开 定价:35元)

帮你制作最心爱的BB的成长记录，分别教会大家购买合适的相机、拍摄BB的特别技巧，整理及制作BB的成长记录。整体书由六位可爱的BB模特为大家做出技巧及相片示范，并附有有益的拍摄小帖士，绝对让你轻松愉快地学会制作BB成长全记录。

## 《D-SLR 摄影入门》

(ISBN 978-7-80236-063-1
彭绍伦&刘健伟编著 16开
定价:35元)

本书特别针对 D-SLR用户需要，简单解释各种D-SLR 基本理论及操作，相机、镜头及配件等器材介绍，D-SLR 用户常用的拍摄技巧，以及RAW 文件管理和简单影像处理示范等，并辅以大量的简单图解，希望各位用户能够看得明白透彻。

## 《数码摄影初阶》

(ISBN 978-7-80236-048-8
周达之编著 16开 定价:35元)

帮你解决由选购数码相机、学习基本操作、基本技巧到后期制作的所有初阶问题，并分专题栏目讲解，更以小贴士表明重点。同时该书采用简单易明的手法，生动有趣的表达，保你可以一读到底，不会因为是一本专业书而感到沉闷无趣导致阅读半途而废。

## 《数码摄影进阶》

(ISBN 978-7-80236-049-5
周达之编著 梁永伦摄影 16开
定价:35元)

延续《数码摄影进阶》讲述风格。讲解单反相机、镜头及闪光灯的构造原理，并以实例形式示范专业人像、风景及商业摄影。还会讲解光线及色彩理论，并以实例形式示范如何为器材进行色彩管理，令相机、电脑显示屏、打印机及扫描仪所输出的色彩达至统一。适合数码单反相机专家使用。

## 《全景摄影》

(ISBN 978-7-80236-030-3
[英]李·弗罗斯特著
杨小军译 16开
定价:168元)

内容包括器材的选择和对获取全景照片的不同方式分析，以及如何解决遇到的技术问题，例如滤镜使用、在全景画幅下的观察与构图、数码拼接、全景照片洗印（打印）与展示等。

同时作者李·弗罗斯特运用全新的观察和思考方式将运动、人像、纪实等几乎所有的摄影题材囊括至全景摄影，鼓舞摄影师去发现另一个全新的观察和思考方式。

## 《高品质摄影》

(ISBN 978-7-80007-075-4
[英]罗杰·希克斯、弗朗西斯·舒尔茨著
王彬译 16开 定价:148元)

详尽地解释了相机、镜头及其他摄影附件、胶片、显影液以及照片整体的品质，除此之外还讲述了非摄影技术的应用，高品质照片的印放、选片及展示，书中既有摄影的规则、公式，也有作者的经验之谈，是一本针对高级摄影者的理论及技法书。